특별한 날,
가정식

5인의 아틀리에에서 만나는 5색 일본 가정식 레시피

특별한 날, 가정식

초판 1쇄 인쇄 2019년 8월 22일
초판 1쇄 발행 2019년 8월 29일

지은이 미쓰하시 아야코, 시게무라 미유키, 오타 미오, 쓰지무라 마도카, 다카하시 이쿠코
엮은이 지영
번역자 쿠도 유키

발행인 백유미 조영석
발행처 (주)라온아시아
주소 서울특별시 서초구 효령로 34길 4, 프린스효령빌딩 5F

등록 2016년 7월 5일 제 2016-000141호
전화 070-7600-8230 **팩스** 070-4754-2473

값 16,800원
ISBN 979-11-90233-09-5 (13590)

라온북은 독자 여러분의 소중한 원고를 기다리고 있습니다. (raonbook@raonasia.co.kr)

특별한 날,
가정식

미쓰하시 아야코 · 시게무라 미유키
오타 미오 · 쓰지무라 마도카
다카하시 이쿠코 지음

○

지영 엮음

RAON
BOOK

나는 평소에도 요리 자체에 관심이 많았다. 먹는 것, 식도락을 좋아하기도 했고 내 요리로 누군가가 행복해진다는 것에 큰 행복을 느꼈다. 소위 '혼밥'을 할 일이 늘어나고 나서부터는 더욱 그랬다. 요리란 누군가를 대접하는 일인데, 내가 요리를 만들어서 나를 대접하는 것만큼 스스로를 소중하게 대하는 일이 많지 않음을 느낀 것이다.

그것이 벌써 8년 전의 일이다. 그 뒤부터 본격적으로 요리를 배우러 다녔다. 들인 관심에 비하면 경력이 그리 길지는 않은 편이지만 열정만큼은 늦깎이치곤 제법 강했다. 더 잘 먹는 것이 더 행복해지는 길로 이어진다는 사실을 깨닫고 나서부터는 이러한 식도락을 주변 사람들에게도 전파하려 애쓰곤 했다.

요리하면 맛도 중요하지만, 나는 예쁜 요리가 좋았다. 평소 자주 접할 수 없는 요리들, 독특한 재료를 사용한 예쁜 요리를 집에서 차려 먹으면 꼭 외식을 하러 나온 기분이었다.

그래서 여행을 다닐 때마다 시간을 쪼개 현지의 쿠킹 클래스를 듣고 레스토랑을 찾아다녔다. 먹어보지 못한 맛을 느낀 날엔 꼭 맛에 대한 메모를 한 다음 한국에 돌아와서 재현하는 것이 취미였다. 현지 언어로 된 요리책도 몇 권씩 샀다. 그러고는 쿠킹 클래스에서 배웠던 요리, 그 나라를 여행하며 먹었던 요리 중 맛있었던 음식, 또는 독특했던 조합의 요리를 사진과 메모를 보며 기억을 되살려 집에서 만들어보곤 했다. 나도 그들과 같은 맛을 내고 싶었고 그들의 요리를 재해석해 나만의 레시피로 만들어 간직하고 싶었다. 그들과 비슷한 플레이팅으로 요리를 완성하면 내가 마치 일류 요리사가 된 듯한 뿌듯함도 따라왔다.

가령 일본 쿠킹 클래스에서 배운 전갱이밥 짓는 법과 일본 가이세키 전문점에서 먹은 연어밥의 기억을 되살려 나만의 레시피를 만들어본 적이 있다. 전문점에서 먹은 연어밥이 깔끔하고 정갈한 맛이었다면 내가 만든 연어밥은 좀 더 묵직한 맛이었다. 전갱이밥을 배울 때 사용했던 방법을 적용했기에 같은 연어밥이라도 전혀 다른 요리가 만들어진 것이다.

요리의 묘미가 바로 이런 것이라 생각한다. 조리법만 약간 바꿨을 뿐인데 전혀 다른 요리가 되는 것. 그렇게 나만의 레시피가 만들어지는 순간 강한 성취감과 희열을 느끼곤 한다. 그리고 그 한 접시가 탄생하기까지 얼마나 많은 손길과 섬세한 작업들이 필요한지 다시 한 번 느낀다. 마치 작가들의 화방에 걸린 그림들처럼, 하나하나 음식을 담아낼 때 접시는 나의 캔버스가 되고 요리는 내 물감이 된다.

한국에서 일식을 배울 때는 메뉴의 다양성과 퀄리티가 아쉬웠다. 내 식탁에 늘 전문 셰프들이 만든 것 같은 요리를 올리고 싶었기에 국내에서 일식을 전문으로 하는 곳을 찾아다녔지만 내가 원하는 곳을 찾기는 쉽지 않았다. 그래서 직접 일본으로 갔다.

학원보다는 요리 연구가들의 아틀리에를 찾아다녔다. 처음 방문한 아틀리에는 가정집 한 편을 아틀리에로 운영하는 곳이었는데 아직도 그때 기억이 생생하다. 날 반겨주던 선생님의 미소만큼이나 밝고 깔끔한, 일본 감성이 그대로 묻어나는 집이었다. 단순히 요리를 만드는 법만이 아니라 문화를 배우는 느낌이었다. 수업이 끝나면 선생님과 학생들이 담소를 나누며 그날 만든 음식을 가벼운 술과 함께 먹는다. 일본의 아틀리에는 조리 기술만을 가르치는 곳이 아니라 그 자체를 즐기는 곳이었다. 그들의 아틀리에에는 한국의 조리 스쿨과는 또 다른 매력이 있었다. 느리지만 '적당함'과 '적절함'을 추구하는 감성이 요리에 담겨 있었기 때문이다.

일본의 요리 연구가들이 스승으로서 보이는 태도도 신기하기만 했다. 한국의 요리 연구가에게 배울 때 전통에 대한 자부심과 뚝심이 느껴졌다면 일본은 달랐다. 그들의 자부심은 높이 뜨는 것이 아니라 낮게 가라앉았다. 자신의 것을 정성스럽게 가르쳐주되, 배우는 이에게 객관적인 입장을 견지하는 스승의 미학을 나는 느꼈다. 실력의 고하를 떠나서 음식을 즐기는 사람 대 사람으로 말이다.

비단 요리뿐만이 아니었다. 개인 아틀리에와 세련된 플레이팅, 출판과 출강, 나아가 요리 연구가 자신의 브랜드까지, 요리를 통해 자아실현을 이뤄

가는 이들의 모습이 참 멋졌다. 나뿐만 아니라 한국의 다른 이들도 그들과 같은 삶을 꿈꾸는 이들이 많을 것이다. 그래서 다섯 명의 진솔한 삶과 그 삶을 담은 레시피를 보여주고 싶었다. 이미 아틀리에를 가지고 있는 이들, 또는 아틀리에를 준비하는 이들, 그도 아니라면 꿈을 찾지 못해 방황하는 이들 모두에게 좋은 길잡이가 될 것이다.

이 책에 실린 다섯 명의 요리 연구가들은 처음부터 요리를 배운 사람들이 아니다. 모두가 엘리트 코스를 나온 것도 아니고, 삶의 크고 작은 위기들을 겪으며 때로는 무너지기도 했다. 그들을 인터뷰하기로 마음먹은 이유도 그런 것들이었다. 자신의 손으로 자신의 삶을 개척한 이들. 각자의 전쟁터에서 살아남아 우뚝 선 사람들, 그들의 이야기를 전하고 싶었다.
여러분도 이 책을 통해 활력을 얻어 가기를 바란다.

목차

Chapter 01 쓰지무라 마도카

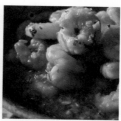

Chapter 03 시게무라 미유키

Chapter 04 오타 미오

Chapter 05 미쓰하시 아야코

아틀리에를 찾아서

요리 연구가들의 아틀리에는 그들의 작업장이자 수업 공간이다. 예술가의 화실 같으면서도 날것들의 냄새가 풍기는 현장이다. 아지트, 공방, 클래스 등이 모두 합쳐져 아틀리에가 된다. 아틀리에를 보면 연구가들의 미적 감각부터 요리에 대한 신념까지 느낄 수 있다.

어떤 곳은 화방처럼, 또 어떤 곳은 레스토랑이자 쿠킹 클래스처럼, 그리고 다른 어떤 곳은 작은 와인바처럼. 연구가들이 수강생들과 먹고 마시고 만들고 호흡하는 아틀리에는 그 장소, 그 순간을 공유하는 사람 모두의 아틀란티스다.

쓰지무라 마도카의 아틀리에는 현대적이다. 그곳에서는 단지 음식을 만드는 것을 배우는 데서 그치지 않는다. 사람들이 모여 음식을 '만들어 먹는' 식사 모임이 열리는 곳이다. 단순히 음식을 만들어 맛보는 수준이 아니라 먹고 마시고 즐기기 위한 식사 모임이다.

그녀는 철저한 브랜딩을 통해 그녀 자신과 직접 만드는 요리, 그리고 아틀리에까지 하나의 브랜드로 재창조해냈다. 관심사는 발효 음식인 누룩이다. 긴 시간 발효를 통해 만들어지는 누룩은 대표적인 슬로 푸드다. 삶의 단계를 한 발 한 발 밟아가며 누룩의 이야기마저 자신의 브랜드로 승화시킨 그녀의 열정이 감탄스럽다.

다카하시 이쿠코의 아틀리에는 장인의 터전이다. 자타공인 '치즈 덕후'인 그녀는 유럽 치즈를 전문으로 선보이는 아틀리에를 운영한다. 유럽 치즈는 일본에서는 그리 대중적이지 않은 분야다. 그럼에도 그녀는 꿈을 찾아 커리어를 쌓고 노력을 그만두지 않고 정진한다. 꿈을 잃지 않고 달려가는 중년의 여성이 얼마나 멋진지 그녀를 보면 알 수 있다.

시게무라 미유키의 아틀리에는 감각적이다. 보석디자이너와 요리 연구가의 두 삶을 살면서 각 분야에서 성공한 사람답게, 그녀는 본인의 감각을 유지하기 위해 노력하고 또 노력한다. 보석감정사로서의 감을 유지하면서 요리에 대한 경험과 경력을 쌓기 위해 밤마다 요리 수업에 다니고, 아틀리에로 돌아와서는 아침이 될 때까지 끊임없이 연습에 매진한다. 연습벌레라는 별명이 붙을 정도다.

대학에서 강의를 하는가 하면 일본의 여러 지역을 돌아다니며 가이세키 등 다양한 요리를 배우고 새로운 가르침을 스펀지처럼 빨아들인다. 그야말로 커리어 우먼의 대표주자 같은 그녀는 독립적이고 자유분방하며 타인의 시선을 신경 쓰지 않는다. 그녀가 선보이는 요리는 세련되고, 레시피는 섬세하고 감각적이다.

오타 미오의 아틀리에는 오감을 만족시키는 예술가의 보금자리다. 아로마 교실 '라이프스타일 아틀리에 매그놀리아'의 강사인 그녀는 문학부터 음악, 요리 등 라이프스타일의 거의 모든 것을 섭렵한 인상적인 경력의 소유자다.

그녀는 건강이나 유기농, 미니멀리즘 등 현재 일본의 식문화를 선도하는 화두들을 정확히 꿰뚫고 있는 요리 세계를 선보인다. 간단한 일품요리, 손이 거의 가지 않는 간편요리, 유기농 재료를 사용한 요리 등 요리를 통해 일상의 소소한 행복을 전달한다.

일본의 전통에 현대적 감각을 더한 미쓰하시 아야코의 아틀리에에서는 정
갈하고 소박한 일본의 미를 그대로 느낄 수 있다. 그녀가 선보이는 음식
역시 그렇다. 일본 고유의 맛을 그대로, 혹은 더욱 세련된 형태로 담아내
는 음식은 지금 일본 요리가 가고 있는 방향을 가리키는 듯하다.

그녀는 요리에서 식도락 외에도 몸과 정신의 건강 등 많은 부분들을 고려
한다. 음식을 통해 몸의 질병을 몰아내는 것은 물론, 성장기에 있는 아이
들에게 올바른 식습관을 만들어주기 위해 노력한다. 그녀의 아틀리에에서
는 식(食)에 대한 수업이 열린다. 한창 크는 나이의 아이들이 학생들이다.
함께 맛있는 음식을 먹으면서 '먹는 행위'의 감사함과 행복함을 가르치는
것이 그 내용이다.

모두가 색은 다르지만 하나의 공통점을 공유한다. 그들이 만든 요리에서
는 '삶'이 느껴진다. 마음을 움직이는 힘이라고 할까. 사연 없는 요리가

없다지만 그 사연이 인생으로, 인생이 다시 요리로, 그리고 그 요리가 신념이 되고 정신이 되어 다시 마음으로 스며드는 사람은 많지 않다.

누구보다 치열하게 살아온 다섯 명의 여성들이 책 속에서 살아 숨 쉬고 있다. 우리들은 오타 미오와 직접 눈을 보며 대화하거나 시게무라 미유키의 아틀리에에서 수업을 받을 수는 없다. 하지만 생생한 사진과 레시피를 통해 그녀들과 만날 수 있다.

오타 미오가 인터뷰 중 이런 말을 했다. "예술가가 곡을 만들어 음악으로 사람들과 만난다면, 요리 연구가는 레시피로 사람들과 만난다"고. 요리의 진짜 매력은 레시피가 전해지고 대중의 손에서 만들어지는 과정을 통해 새로운 예술이 탄생하는 데 있다고, 그녀는 덧붙였다. 나 역시 그 예술의 기적을 믿는다. 마음과 마음의 결속이 희미해지는 시대, 많은 가치들이 빛을 잃는 시대에 이 책 속 레시피들이 작은 행복들을 밝혀줄 거라고.

Chapter 01

쓰지무라 마도카

평범한 회사원에서 아틀리에의 주인으로, 조용하지만 극적인 변화에 성공한 요리 연구가. 쌀과 정성스러움이 일본 요리의 매력이라 여기는 그녀는 누룩을 사용한 발효 음식 요리를 전문으로 선보인다. 가장 맛있는 음식은 '먹는 사람이 즐겁게 먹을 수 있는 음식'이라는 철학 아래 언제나 즐거운 기분으로 요리에 임하고 있다.

• • •

일본 내 발효 식품 전문가.
발효 음식 요리 교실 'madoi'에서 워크숍, 푸드 스타일링 수업을 진행한다.
시즈오카 출판사의 푸드 코디네이터, 푸드 기획도 담당하며
요리 연구가로 왕성한 활동을 이어가고 있다.

겸손을 잃지 않는 낙천가

쓰지무라 마도카는 언제나 웃는 얼굴로 무엇이든 즐긴다. 매일을 힘껏 살아가는 것을 삶의 지향점으로 삼고, 좋은 경험도 나쁜 경험도 모두 의미가 있다고 생각한다. 주변 사람들의 지지와 자신의 노력 덕분에 이 일을 할수 있었다고 말하면서도 결코 자신감을 잃지 않는다. 밝은 성격으로 긍정적 에너지를 전달하는 낙천가 그 자체였다.

그녀가 처음 요리에 관심을 가지게 된 것은 고등학교 때의 일이었다. 갑작스럽게 어머니가 아프기 시작하면서 고등학생이던 그녀가 가족의 식사를 담당하게 됐는데, 본인의 손으로 음식을 만드는 것이 재미있었다고 한다. 그렇게 용돈을 모아 요리책을 사고 다양한 요리에 도전해 어머니 대신 가족들의 '먹는 즐거움'을 책임졌다. 그녀 자신도 먹을 것을 좋아하는 데다 사람을 대접하는 행위 자체에 행복을 느껴, 큰 고민 없이 진로를 결정했다고 한다.

매일매일을 새롭게, 열심히 살아가는 마도카는 아직도 주방에 설 때마다 두근거린다고 한다. 도전해 본 적 없는 음식 중 좋은 것을 개발하면 기쁘지만 실패하면 우울한데, 바로 잊어버리고 또 새로운 시도에 나설 때 행복하다고.

발효 음식 전문 요리 교실, madoi

쓰지무라 마도카는 젊은 시절 시즈오카 패션 회사에서 외식사업의 메뉴 개발, 인재교육을 담당했다. 처음에는 마을 주변의 카페에서 발효 음식 교실을 정기적으로 운영하다가, 카페가 문을 닫은 것을 계기로 아틀리에를 열게 되었다. 지금의 아틀리에에서는 매달 주제를 정하고 그에 맞춰 발효 노하우 등을 강의한다.

그녀의 요리 교실 'madoi'에서는 '발효 음식 요리 교실'을 비롯해 공부 모임, 워크숍, 푸드 케이터링, 푸스 스타일링 교실 등이 진행된다.

출간한 저서로는 일본 전통의 발효 조미료와 제철 채소로 만드는 요리책 《제철 채소 발효 음식》이 있다. 저작 활동 외에도 시즈오카 아사히 TV, 시즈오카 제1TV, SBS 라디오 등 방송에도 출연하는 등 활발한 활동을 이어가고 있다. 지금은 시즈오카 출판사의 푸드 코디네이터, 푸드 기획도 담당하고 있다. 아틀리에 밖에서 진행하는 출장 교실은 물론, 신문에 레시피를 제공하는 한편 잡지사의 의뢰를 받은 식품 기획에 스타일링까지 도맡아 진행한다.

그녀의 도전은 여기서 멈추지 않는다. 내년에 완성되는 새로운 아틀리에에서는 식생활 교육을 겸한 어린이 요리 교실도 개설해 건강한 식습관을 전파할 예정이다. 바쁜 일상 속에서 지금도 한 달에 15회 이상 시즈오카 시내의 작업장에서 요리 교실을 꼬박꼬박 개최한다는 그녀의 열정이 놀라울 따름이다.

즐겁게 먹을 수 있는 음식이 좋은 음식이다

그녀가 생각하는 '좋은 음식'의 기준은 남다르다. 무농약이나 무첨가, 유기농 같은 타이틀보다도 먹는 사람이 즐겁게 먹을 수 있는 음식이 좋은 음식이라고 말한다. 발효 식품, 그중에서도 균은 만드는 사람의 기분과 분위기에 민감하게 반응하는 요소다. 그러므로 요리인으로서 항상 좋은 기분으로 작업하다 보니 몸은 힘들어도 정신은 늘 즐겁다는 것이다.

그녀는 일상에서 맛있는 음식을 먹거나 책을 읽고 감상하는 등 다양한 상황에서 자연스럽게 영감을 얻는 편이다. 그래서 그녀의 요리는 정성스럽고 다채롭다.

요리를 하는 건 어렵지 않지만 옛 맛을 지키기는 쉽지 않다. 쌀과 정성스러움이야말로 일본 요리의 가장 큰 매력이라고 말하는 그녀는 건강·전통·발효에 충실한 음식들을 만든다. 현재 그녀가 주력으로 삼는 누룩을 사용한 발효 음식 요리도 일본의 유서 깊은 전통 요리다. 수많은 현대 요리들이 쏟아져 나오는 시대에, 마도카의 음식은 조용한 향기로 발효되고 있다.

애호박 감자 사라다 구이

소요시간 30분 | **레시피 분량** 4인분 | **난이도** 하

수제 마요네즈로 만드는 감자 사라다는 그대로 먹어도 맛있지만, 애호박에 올려서 구우면 훌륭한 전채요리가 됩니다. 가벼운 홈파티에서 애피타이저로 내면 좋습니다.

재료

애호박 1개
감자 2~3개
삶은 달걀 1개
케이퍼 1작은술

연두부 1/2모 ⎤
누룩 소금 1큰술 │
식초 1큰술 │
감주 1큰술 │ A
가루 머스터드 1큰술 │
된장 1큰술 │
유채기름 적당량 ⎦

01 애호박은 껍질을 벗기지 말고 두툼하게 썰어 준비한다.

02 감자는 껍질을 벗겨서 삶은 뒤 삶은 계란과 함께 으깬다.

03 A를 섞어서 두부 마요네즈를 만든다.

04 2와 두부 마요네즈 3큰술, 다진 케이퍼를 버무린다.

05 4를 애호박 위에 올려 180도로 예열한 오븐에서 바삭해질 때까지 구워 완성한다.

TIP

수제 두부 마요네즈를 만들 때 누룩 소금이 없다면 소금 1/2작은술을, 감주가 없다면 설탕 1/2큰술을 사용하면 됩니다. *감주 만드는 법은 202p 참조.

당근 된장 샐러드

소요시간 15분 | **레시피 분량** 4인분 | **난이도** 하

당근이 듬뿍 들어가는 샐러드로, 삶은 렌즈콩이나 건포도를 더해도 맛있습니다.
하루 정도 지나면 바로 만들었을 때보다 된장의 맛이 배어들어 더 맛있습니다.
샌드위치의 속재료로도 좋습니다.

재료

당근 2개
마늘 1쪽
수수설탕 1큰술
소금 1작은술
커민시드, 고수 적당량
후추 약간

치도리 식초 2큰술 ⌉
된장 1.5큰술   ⎬ A
유채기름 2큰술 ⌋

01 당근은 잘게 채 썰어 소금과 수수설탕을 뿌려 준비
한다.
02 볼에 A와 간 마늘, 물기를 뺀 1의 당근을 넣고 무
친다.
03 후추를 뿌려 완성한다.

TIP
치도리 식초는 교토 특산물로, 쌀의 단맛을 살린 부드러운 맛의 식초를 말합니다. 치도리 식초가
없다면 일반 식초를 사용해도 됩니다.

두부 테린

소요시간 2시간 30분 | **레시피 분량** 4인분 | **난이도** 상

접대에도 좋은 요리로, 두부로 만들어 가볍게 먹기 좋은 테린입니다. 보기에도
정갈하고 맛도 부드러워 인기가 좋습니다. 당근이나 토마토를 섞으면 컬러풀한
테린을 만들 수 있습니다.

재료

연두부 200g
브로콜리 100g
양파 50g
캐슈넛 20g
가루 한천 3.6g
소금 2작은술
다시 2큰술
물 200㎖
식용유 적당량

01 냄비에 식용유를 두르고 얇게 썬 양파를 볶는다.

02 1의 절반을 덜어낸 뒤 브로콜리와 두부 절반을 넣고 물 100㎖를 부어 브로콜리가 부드러워질 때까지 삶는다.

03 2를 소금 1작은술과 다시 1큰술로 간하고, 가루 한천 1.8g을 넣어 녹인다.

04 한천이 다 녹으면 바 믹서로 충분히 섞어준다.

05 4를 용기에 넣고 냉장고에서 굳힌다.

06 1에서 남은 볶은 양파, 두부, 캐슈넛과 물 100㎖를 넣고 삶는다.

07 6을 소금 1작은술, 다시 1큰술로 간하고 가루 한천 1.8g을 넣어 녹인다.

08 7의 한천이 다 녹으면 바 믹서로 충분히 섞어준다.

09 5가 다 굳으면 그 위에 8을 올리고 냉장고에서 굳혀 완성한다.

두부 튀김

소요시간 30분 | **레시피 분량** 4인분 | **난이도** 상

화과자의 일종인 아라레나 참깨 등을 더해 바삭한 겉과 두부로 만들어 부드러운 속의 대비가 독특한 튀김 요리입니다. 채소도 다양하게 넣어 만들어 간식으로도 좋습니다.

재료

두부 1모
참마 100g
양파 3~4개
당근 1개
달걀 1개
톳 5g
누룩 간장 2큰술
굴 소스 1큰술
카레가루 적당량
식용유 적당량
소금 적당량
부부아라레 적당량
도묘지 가루 적당량
참깨 적당량

01 두부는 물기를 제거하고 마는 갈아서 준비한다.
02 물에 적신 톳, 잘게 썬 당근과 양파를 식용유에 볶는다.
03 볼에 2와 으깬 두부, 참마, 달걀, 간장 누룩, 굴 소스를 넣고 잘 섞는다.
04 3을 한입 크기로 떼어 부부아라레 또는 찹쌀가루, 깨 등을 묻혀 기름에 튀긴다.
05 소금과 카레가루를 섞어 4에 뿌려 완성한다.

TIP

누룩 간장이 없다면 된장 1큰술을 사용하면 됩니다. 도묘지 가루는 쪄서 말린 찹쌀가루를 말합니다.

땅콩 월남쌈

소요시간 40분 | **레시피 분량** 4인분 | **난이도** 중

소스가 맛있는 월남쌈입니다. 쌈 안에 들어가는 재료는 뭐든지 좋아하는 걸로 채울 수 있어요. 라이스 페이퍼는 물을 너무 많이 묻히면 재료를 감싸기 힘들기 때문에 물에 잠깐 담갔다가 빼내는 정도가 좋습니다.

재료

라이스 페이퍼 4장
아보카도 1개
적양배추 2~3장
누룩 소금 1큰술
양상추 4장
오이 2개
슬라이스 치즈 1~2장

땅콩버터 2큰술 ⎤
감주 2큰술 ⎟ A
된장 1큰술 ⎟
피시 소스 1큰술 ⎦

01 적양배추는 채 썰어 누룩 소금을 뿌리고 15분 정도 절인 다음 물기를 제거한다.
02 오이는 채 썰고, 양상추는 1장씩 떼어내 준비한다.
03 아보카도와 치즈는 쌈에 넣기 적당한 크기로 썬다.
04 A의 재료를 섞어 땅콩 누룩 소스를 만든다.
05 물에 적신 라이스 페이퍼에 양상추를 깔고 채소를 올린 후 땅콩 누룩 소스를 발라서 잘 말아 완성한다.

TIP
감주가 없다면 설탕 1큰술을 사용하면 됩니다. *감주 만드는 법은 202p 참조.

야콘 파프리카 춘권

소요시간 30분 | **레시피 분량** 4인분 | **난이도** 중

야콘을 사용한 튀김요리입니다. 시로다시와 고수의 조합은 다른 채소들과도 잘
맞습니다. 속재료에 다양한 채소를 사용하며 다른 춘권에도 응용해보세요.

재료

야콘 50g
당근 1/2개
파프리카 1개
표고버섯 2~3개
마늘 1쪽
춘권피 4장
시로다시 2큰술
고수 파우더 1.5큰술
간장 1큰술
식용유 적당량

01 야콘은 껍질을 벗겨 굵게 채 썰어 준비한다.

02 당근과 파프리카, 표고버섯도 야콘과 크기를 맞추
어 썰어 준비한다.

03 프라이팬에 식용유를 두르고 얇게 채 썬 마늘을
볶는다.

04 3에 당근, 야콘, 표고버섯, 파프리카를 순서대로
넣어 볶는다.

05 시로다시, 간장으로 간하고 불을 끈 뒤 고수 파우
더를 뿌린다.

06 5를 춘권피로 싸서 중불에서 바싹 튀겨 완성한다.

TIP

시로다시는 가다랑어 육수의 향과 맛을 살린 옅은 빛의 액상 조미료로, 온라인으로 구매할 수 있습
니다. 땅속의 과일이라고 불리는 야콘은 고구마와 비슷하게 생겼습니다. 섬유질이 풍부하고 열량이
낮아 다이어트 식품으로도 인기입니다.

단호박 당근 두부 포타주

소요시간 20분 | **레시피 분량** 4인분 | **난이도** 하

다시나 부용을 전혀 사용하지 않고 채소와 두부로 만든 포타주입니다. 차갑게 해
서 먹어도 맛있고 아기의 이유식으로도 좋습니다. 맛있는 두부로 만들어주세요.

재료

단호박 200g
당근 1개
양파 1개
연두부 1모
누룩 소금 2큰술

01 단호박과 당근은 한입 크기로 잘라 누룩 소금을
묻혀 준비한다.
02 냄비에 잘게 썬 양파와 1을 넣고 재료가 잠기지 않
을 정도로 물을 부은 뒤 두부를 손으로 으깨 넣고
부드러워질 때까지 끓인다.
03 2를 블렌더로 갈아 소금으로 간하여 완성한다.

 TIP

누룩 소금이 없다면 소금 1큰술을 사용하면 됩니다.

고구마 누룩 소금 레몬찜

소요시간 20분 | **레시피 분량** 4인분 | **난이도** 하

레몬의 상큼함을 더한 고구마찜입니다. 국물째로 냉장고에서 차게 식히면 맛이 잘 스며듭니다. 파운드케이크나 스콘에 넣어도 맛있습니다.

재료

고구마 1개
레몬 1/2개
감주 3큰술
맛술 2큰술
누룩 소금 1큰술

01 고구마와 레몬은 껍질째 둥글게 썰고, 고구마는 전분기가 빠지도록 물에 담가 준비한다.

02 냄비에 고구마와 둥글게 썬 레몬을 넣고 감주, 누룩 소금, 맛술을 넣는다.

03 2의 고구마와 레몬이 약간 잠길 정도로 물을 붓고, 고구마가 부드러워질 때까지 쪄서 완성한다.

 TIP

누룩 소금이 없다면 소금 1/2큰술을 사용하면 됩니다.

채소 된장 키슈

소요시간 1시간 | **레시피 분량** 21cm 타르트 1개분 | **난이도** 상

베이컨 등 고기를 넣지 않아도 채소만으로도 포만감이 느껴지는 키슈입니다. 호박이나 감자는 물론, 참마를 넣어도 잘 어울립니다. 하지만 어떤 재료를 넣더라도 양파와 버섯은 꼭 넣어주세요.

재료

박력분 90g
통밀가루 90g
유채기름 50g
두유 30g
간 깨 15g
된장 1작은술
소금 적당량

달걀 3개
두유 100㎖
된장 1.5큰술
고구마 1개
양파 1개   A
버섯 1팩
마늘 1쪽
모차렐라 치즈 적당량
육두구 약간

01 파이를 만든다. 박력분, 통밀가루와 소금을 섞은 뒤 유채기름과 깨, 된장을 넣고 부슬부슬해질 때까지 섞는다.

02 1에 두유를 넣고 반죽한 뒤 21cm 타르트 틀에 평평하게 깔고 포크로 바닥에 구멍을 낸다.

03 180도로 예열한 오븐에서 15분간 굽는다.

04 A로 속재료를 만든다. 볼에 달걀과 두유, 육두구를 섞는다.

05 고구마는 얇고 둥글게 썰고 양파는 잘게 썬다. 버섯은 손으로 찢어 준비한다.

06 프라이팬에 식용유를 두르고 잘게 썬 마늘과 5를 넣고 볶는다.

07 고구마가 적당히 익으면 된장을 넣고 섞는다.

08 7이 따뜻할 때 4의 달걀물을 섞는다.

09 8을 3의 타르트에 넣고 모차렐라 치즈를 올려 180도로 예열한 오븐에서 20~25분간 구워 완성한다.

TIP

육두구는 넛맥이라고도 하며 향신료의 한 종류입니다. 과다 복용할 경우 부작용을 일으킬 수 있으니 향이 날 정도로 약간만 사용합니다.

된장 라타투유

소요시간 30분 | **레시피 분량** 4인분 | **난이도** 하

따뜻해도 차가워도 맛있는 채소 찜으로, 샌드위치의 속으로 이용하거나 오믈렛
이나 오므라이스의 재료로도 잘 어울립니다. 전날 미리 만들어두면 맛이 더욱
진해집니다.

재료

가지 1개
토마토 1개
당근 1개
양파 1개
애호박 1/4개
마늘 1쪽
홀토마토 400g
감주 4큰술
된장 3큰술
식용유 적당량

01 채소는 모두 비슷한 크기로 썰어 준비하고 마늘은
    잘게 썬다.

02 프라이팬에 식용유를 두르고 마늘을 넣어 볶다가
    향이 올라오면 단단한 채소부터 순서대로 볶는다.

03 채소가 적당히 익으면 된장을 넣고 타지 않게 볶
    은 뒤 홀토마토와 감주를 넣는다.

04 채소가 다 잠기지 않을 정도로 물을 붓고 수분이
    날아갈 때까지 뚜껑을 덮고 쪄서 완성한다.

 TIP
감주가 없다면 대신 꿀 2큰술을 사용하면 됩니다. *감주 만드는 법은 202p 참조.

자색고구마 만주

소요시간 20분 | **레시피 분량** 4인분 | **난이도** 하

랩을 이용해 만드는 간단한 만주입니다. 손님이 오셨을 때 간식으로 대접하거나 도시락에 넣어도 좋습니다. 속에는 단무지와 크림치즈를 조합해보았습니다. 단무지가 없으면 김치도 맛있습니다. 자색고구마뿐만 아니라 호박고구마나 일반 고구마로 만들어도 맛있습니다.

재료

자색고구마 1/2개
크림치즈 2큰술
두유 1~2큰술
누룩 소금 1큰술
된장 1작은술
단무지 적당량

01 자색고구마는 껍질을 벗겨 수증기로 쪄서 뜨거울 때 으깨 준비한다.

02 1에 누룩 소금과 두유를 섞는다.

03 크림치즈, 된장, 잘게 썬 단무지를 섞어 만주 소를 만든다.

04 랩 위에 2의 자색고구마 반죽을 깔고 가운데 3의 소를 넣어 랩으로 감싼다. 랩을 꼬아서 마무리하여 보자기처럼 만든다.

05 랩을 벗겨 완성한다.

 TIP

누룩 소금이 없다면 소금 1/2작은술을 사용하면 됩니다.

토란 밤송이 고로케

소요시간 40분 | **레시피 분량** 4인분 | **난이도** 중

보기에도 귀엽고 맛도 훌륭한 고로케로, 맛밤을 사용하여 가을 느낌이 물씬 나는 계절 요리입니다. 토란을 쪄서 따끈따끈할 때 으깨는 것이 포인트입니다. 토란은 찜통에서 수증기로 찌는 것이 좋습니다.

재료

토란 3~4개
맛밤 5~6개
양파 1개
버섯 1팩
마늘 1쪽
감주 2큰술
된장 1큰술
간장 1작은술
국수 적당량
밀가루 적당량
달걀 적당량
물 적당량

01 토란은 쪄서 뜨거울 때 으깨 준비한다.
02 으깬 토란에 감주와 간장을 넣어 간한다.
03 잘게 썬 양파와 마늘을 볶다가 부드러워지면 잘게 썬 버섯을 넣고 볶은 뒤 된장으로 맛을 낸다.
04 2와 3, 맛밤을 섞어서 동그랗게 빚는다.
05 달걀과 물, 밀가루를 섞어 튀김옷을 만든다.
06 5의 달걀물에 4를 넣은 뒤 잘게 잘라낸 국수를 입혀 180도로 가열한 기름에서 튀겨 완성한다.

TIP
감주가 없다면 설탕을 1작은술 사용하면 됩니다. *감주 만드는 법은 202p 참조.

연근볼

소요시간 30분 | **레시피 분량** 4인분 | **난이도** 중

깔끔한 맛의 연근 요리입니다. 밀가루를 넣지 않으면 튀겼을 때 반죽이 뿔뿔이
흩어지므로 주의합니다. 커민, 카레가루 등의 향신료를 넣어도 궁합이 좋습니다.

재료

연근 1개
양파 1/4개
버섯 1/2팩
밀가루 3큰술
누룩 소금 2큰술
다시마 차 1큰술
파래 1큰술

01 연근은 깨끗이 씻어서 갈아 수분을 짜낸다.

02 양파와 버섯은 잘게 썰어 준비한다.

03 1과 2를 섞고 누룩 소금, 파래, 다시마 차, 밀가루
    를 더해 반죽한다.

04 3을 볼처럼 동그랗게 말아서 중불에서 기름으로
    튀겨 완성한다.

TIP

누룩 소금이 없다면 소금 1/2작은술을 사용하면 됩니다.

연근 된장 볶음

소요시간 20분 | **레시피 분량** 4인분 | **난이도** 하

연근으로 만드는 간단한 반찬 레시피입니다. 도시락에 곁들이는 반찬으로도 좋습니다. 감주와 된장은 조리 중 타기 쉬우므로 볶을 때 주의해주세요. 간은 조리후 불을 끄고 나서 해도 괜찮습니다.

재료

연근 1/2개
마늘 1쪽
된장 1큰술
감주 2큰술
맛술 2큰술
식용유 적당량

01 연근은 껍질을 벗기고 얇게 슬라이스한다. 마늘은 잘게 다져 준비한다.
02 프라이팬에 식용유를 두르고 마늘과 연근을 볶는다.
03 된장, 맛술, 감주를 넣고 간한다.

TIP

감주가 없다면 설탕 1큰술을 사용하면 됩니다. *감주 만드는 법은 202p 참조.

감 곤약 두부 무침

소요시간 30분 | **레시피 분량** 4인분 | **난이도** 중

감이 나오기 시작하는 계절 단단한 단감으로 만드는 가을 레시피입니다. 단감과 곤약, 두부를 먹기 좋게 썰어 무친 요리로, 곤약은 20분 정도 충분히 삶으면 특유의 냄새를 제거할 수 있습니다. 무침 옷에 콩가루를 넣는 것이 특징으로, 콩가루를 넣으면 수분을 흡수해 단맛이 더해지므로 반드시 넣어주세요.

재료

감 1개
곤약 1장
두부 반모
간장 1큰술
식용유 적당량

콩가루 3큰술
감주 2~3큰술
간 깨 2큰술   A
된장 1큰술

01 곤약은 20분 정도 삶아 냄새를 빼고 얇게 썰어 준비한다.
02 두부는 두툼하게 썰어 식용유에 튀겨 준비한다.
03 식용유를 두른 프라이팬에 1을 볶아서 쪼그라들면 간장을 둘러서 섞어준 다음 불을 끄고 식힌다.
04 감과 두부는 곤약과 크기를 맞춰 썬다.
05 푸드 프로세서에 A를 넣고 부드러워질 때까지 섞어 4와 함께 무쳐 완성한다.

TIP

감주가 없다면 설탕 1.5큰술을 사용하면 됩니다. *감주 만드는 법은 202p 참조.

호박 카레 고로케

소요시간 30분 | **레시피 분량** 4인분 | **난이도** 중

동글동글한 모양이 귀여운 고로케로, 카레 맛이 은은하게 돌아 아이들에게도 인기 만점입니다. 호박뿐만 아니라 감자나 고구마로도 만들 수 있습니다. 고온에서 바싹 굽는 것이 포인트입니다.

재료

호박 1/4개
양파 1개
된장 1작은술
누룩 소금 1큰술
카레가루 1큰술
크림치즈 적당량
유채기름 적당량
밀가루 적당량
빵가루 적당량
달걀 적당량

01 호박은 찜통에서 수증기로 쪄서 따뜻할 때 누룩 소금을 넣고 으깬다.

02 잘게 썬 양파를 유채기름으로 볶아 된장으로 간하고 1의 호박과 카레가루를 넣고 섞는다.

03 2를 한입 크기로 떼어 가운데 크림치즈를 넣고 동그랗게 빚는다.

04 3에 밀가루, 달걀물, 빵가루를 순서대로 입혀 튀긴다.

TIP
누룩 소금이 없다면 소금 1/2작은술을 사용하면 됩니다.

된장 절임 참깨 두부

소요시간 3일 | **레시피 분량** 4인분 | **난이도** 하

두부를 된장에 절여 만드는 메뉴로, 절이는 시간이 길어질수록 두부가 치즈 같은
맛과 식감이 됩니다. 튀겨도 굉장히 맛있는 두부 치즈를 만들 수 있답니다.

재료

두부 1모
된장 3큰술
감주 3큰술
참깨 적당량

01 두부는 물기를 빼서 준비한다.
02 된장과 감주를 섞어서 두부 표면에 바르고 랩을
   씌운다.
03 2를 밀폐용기에 넣어 냉장고에서 최소 3일, 최대
   1주일 정도 숙성시킨다.
04 숙성이 끝나면 표면의 된장을 닦아내고, 참깨를
   묻혀서 적당한 크기로 썰어 완성한다.

TIP
감주가 없다면 설탕을 1큰술 사용해도 됩니다. *감주 만드는 법은 202p 참조.

말린 버섯 누룩 간장 찜밥

소요시간 40분 | **레시피 분량** 6인분 | **난이도** 하

말린 표고버섯과 무말랭이를 사용해 지은 찜밥으로, 말린 재료에서 맛있는 다시
가 나와 감칠맛 나는 밥이 됩니다. 시간이 지나도 퍼석해지지 않아 도시락이나
주먹밥에도 좋습니다.

재료

쌀 540㎖
말린 표고버섯 3~4개
무말랭이 3큰술
누룩 간장 2큰술
간장 2큰술
물 550㎖

01 쌀은 씻어서 30분 이상 물에 담가 불린다.
02 말린 표고버섯과 무말랭이는 깨끗이 씻어서 준비
   한다.
03 모든 재료를 냄비에 넣고, 센 불에서 15분간 끓이
   다가 불을 끄고 15분간 뜸을 들여 완성한다.

 TIP
누룩 간장이 없다면 맛술 2큰술을 사용하면 됩니다.

잡곡 함박 스테이크

소요시간 40분 | **레시피 분량** 4인분 | **난이도** 상

고기를 사용하지 않는데도 함박 스테이크 맛이 나는 신기한 요리입니다. 만들어서 냉동 보관할 수 있으므로 한꺼번에 많이 만들어서 도시락 반찬으로도 좋습니다. 일식 소스나 케첩 등 어떤 소스와도 잘 어울립니다.

재료

삶은 콩 1컵
잡곡 1컵
연근 1개
양파 1/2개
브라질넛 10알

통밀가루 3큰술
된장 2큰술   A
녹말가루 2큰술
육두구, 클로브,
시나몬 약간

01 잡곡의 두 배 분량의 물을 넣고 15분 정도 끓여 부드럽게 밥을 짓는다.

02 연근은 갈아서 물기를 짜두고, 양파는 얇게 채 썰어 준비한다.

03 삶은 콩과 견과류는 푸드 프로세서로 으깬다.

04 2와 3에 1의 잡곡밥을 넣는다.

05 4에 A를 함께 반죽하여 동그랗게 빚은 뒤 프라이팬에 양면을 굽는다.

06 180도로 예열한 오븐에서 10~15분간 구워 완성한다.

베리 베지 타르트

소요시간 1시간 30분 | **레시피 분량** 18cm 타르트 1개분 | **난이도** 상

붉은 베리를 올려 귀엽게 마무리한 타르트입니다. 반죽도 크림도 버터를 사용하지 않고 설탕도 적게 쓰는 건강 레시피입니다. 타르트를 굽고 크림을 두 종류나 만드는 번거로움이 있지만 무척 맛있는 디저트입니다.

재료

박력분 90g
통밀가루 90g
베리 적당량
수수설탕 20g
유채기름 60g
땅콩버터 15g
감주 15g
두유 15g
소금 적당량

아몬드가루 50g
두부 40g
유채기름 25g
감주 25g ⎤
설탕 25g ⎥ A
박력분 10g
소금 적당량

두유 200g
감주 50g
수수설탕 30g ⎤
유채기름 25g ⎥ B
쌀가루 15g
럼주 약간

01 A로 아몬드 크림을 만든다. 두부를 으깨 저으면서 유채기름을 조금씩 넣어 유화시키고 나머지 재료를 섞어 완성한다.

02 B로 두유 커스터드 크림을 만든다. 냄비에 재료를 전부 넣고 걸쭉해질 때까지 저어 완성한다.

03 타르트 반죽을 만든다. 볼에 가루로 된 재료를 모두 넣고 수수설탕, 소금을 더해 섞는다.

04 3에 유채기름, 땅콩버터, 감주, 두유를 조금씩 넣어가며 섞는다.

05 18cm 타르트 틀에 4의 반죽을 평평하게 깔고 포크로 구멍을 낸다.

06 타르트 반죽 위에 아몬드 크림을 깔고 170도로 예열한 오븐에서 25분간 굽는다.

07 노릇하게 구운 타르트 위에 두유 커스터드 크림을 바르고 베리를 올려 완성한다.

 TIP

*감주 만드는 법은 202p 참조.

감주 아이스크림

소요시간 2시간 15분 | **레시피 분량** 6인분 | **난이도** 하

재료를 섞어서 얼리기만 하면 되는 건강식 아이스크림으로, 집에서도 간단하게 만들 수 있습니다. 코코아를 넣으면 초코 아이스크림, 딸기를 넣으면 딸기 아이스크림으로 자유롭게 활용할 수 있습니다.

재료

두유 260g
감주 40g
수수설탕 30g
코코넛 오일 25g
쌀가루 15g
럼주 약간

01 재료 전부를 냄비에 넣고 잘 저으면서 끓인다.
02 1이 걸쭉해지면 불을 끄고 식힌다.
03 2가 식으면 냉동실에 넣어 얼린 뒤 식감이 부드러워지도록 먹기 직전 푸드 프로세서로 갈아 완성한다.

TIP

감주가 없으면 설탕 20g을 사용하면 됩니다. *감주 만드는 법은 202p 참조.

쌀가루 감주 롤케이크

소요시간 45분 | **레시피 분량** 오븐배트 1개분 | **난이도** 중

밀가루를 사용하지 않아 글루텐 프리로 즐길 수 있는 가벼운 식감의 롤케이크입니다. 쌀가루는 섞으면 섞을수록 부드러운 반죽이 되므로 잘 섞어주세요. 케이크 안의 과일은 취향에 따라 무엇이든 넣을 수 있습니다. 냉장고에 넣어서 차게 해서 먹으면 더욱 맛있습니다.

재료

쌀가루 50g
달걀 3개
수수설탕 50g
유채기름 2큰술
감주 2큰술

두유 200g ⎫
감주 50g ⎪
수수설탕 30g ⎬ A
유채기름 25g ⎪
쌀가루 15g ⎪
럼주 약간 ⎭

01 달걀 하나를 노른자와 흰자를 분리해 준비한다.
02 흰자에 수수설탕 15g을 넣고 머랭의 뿔이 올라올 때까지 핸드믹서로 돌린다.
03 노른자에 남은 달걀을 더해 유채기름과 감주, 쌀가루를 넣어 잘 섞는다.
04 2의 흰자와 3을 섞어 배트에 붓는다.
05 160도로 예열한 오븐에서 15분간 굽는다.
06 두유 커스터드 크림을 만든다. A의 재료를 전부 냄비에 넣고 잘 저어주며 불을 올린다. 크림이 걸쭉해지면 불을 끄고 식혀 완성한다.
07 반죽 위에 7의 두유 커스타드 크림을 바르고 취향에 따라 과일, 견과류를 넣고 말아서 냉장고에 넣어 식혀 완성한다.

TIP
*감주 만드는 법은 202p 참조.

금귤 조림

소요시간 30분 │ **레시피 분량** 4인분 │ **난이도** 중

과일의 자연스러운 단맛을 없애는 설탕을 사용하지 않은 금귤 절임입니다. 압력솥을 이용해 껍질까지 부드럽게 조리하여 껍질째 먹을 수 있는 것이 특징입니다. 도시락에도 넣어서 꾸미기 좋아요.

재료

금귤 8개
맛술 4큰술
소주 3큰술

01 금귤은 꼭지를 깨끗이 씻고 아랫부분에 가볍게 칼집을 넣어 준비한다.

02 물을 채운 압력솥에 금귤을 넣고 한 번 펄펄 끓여 떫은맛을 제거한다.

03 2를 다시 압력솥에 넣고, 소주와 맛술을 더한다. 금귤 양의 절반까지 물을 붓고 압력을 가한다.

04 압력을 가하고 나면 바로 불을 끄고 남아있는 열기로 금귤을 찐다.

05 금귤이 식으면 시럽을 뿌려 냉장고에서 식혀 완성한다.

 TIP
압력솥에 의해서 압력이 가해지므로 너무 부드러워지지 않도록 주의합니다. 깨끗한 용기에 담으면 냉장고에서 1주일까지 보관할 수 있습니다.

Chapter 02

다카하시 이쿠코

홈파티, 와인, 핑거 푸드 등에 두각을 보이는 치즈 전문가. 16년간 치즈를 연구해온 그녀의 요리에는 유럽의 다양한 치즈를 사용한 레시피가 많다. 이제는 행복을 부르는 접대 살롱 Ikuko's Table의 호스트로 새로운 2막을 시작하려 한다. 두 아이를 키워내면서도 육아와 삶의 밸런스를 잡아가며 꿈을 이루어 나가는 그녀의 열정을 응원한다.

• • •

행복을 부르는 접대 살롱, Ikuko's Table의 호스트.
치즈 감정평가사이자 치즈 친선 대사로, CAP가 인정하는 16년 경력의 치즈 전문가.
꽃 장식 기능사이자 일본 홈파티 협회 인증 강사로 활발하게 활동하고 있다.

육아와 삶의 밸런스를 찾다

다카하시 이쿠코는 홋카이도의 항구 도시이자 운하로 유명한 오타루 시에서 태어나고 자랐다. 해산물이 풍부한 바다의 도시에서 자라 성게, 갯가재, 새우, 게를 많이 먹었고, 또 입맛에 맞아 좋아하기도 했다. 얌전한 성격이어서 먼저 나서거나 고집 센 아이는 아니었다고 말하며 웃었는데, 쉰이 가까운 나이에도 꼭 십 대 여자아이 같은 미소였다. 고등학교에 진학한 다음에는 평범한 삶을 살았다. 평소에도 요리와 과자를 자주 만들었지만 그저 취미일 뿐, 음식의 길로 나아가는 것이라고는 생각하지 않았다.

그녀가 테이블에 더 깊은 관심을 갖게 된 것은 결혼 후의 일이다. 의사인 남편의 선배 부부와 함께 식사하는 자리에서 그 부인의 환대에 감동받고 요리에 흥미를 느끼기 시작했다. 동양 과자점에서 테이블 코디를 배웠고, 첫 딸이 태어난 뒤에는 꽃꽂이를 배워 꽃 장식 기능사를 취득했다. 둘째 딸이 태어난 뒤에도 일본 소믈리에 협회에서 와인 전문가 자격까지 취득한다. 다카하시 이쿠코는 모든 것을 포기하고 육아에만 전념하는 것이 아니라, 활용할 수 있는 시간을 효율적으로 사용해서 각종 대외활동에 나섰다. 그 결과 '육라밸', 육아와 삶의 밸런스를 맞춘 삶을 살 수 있었다.

험난한 파도를 넘어 인생의 2막을 향해 가다

꾸준한 노력으로 꿈을 실현해가던 그녀에게도 파도는 닥친다. 큰딸이 중학교 2학년, 작은딸이 초등학교 4학년이 되던 해 치즈 가게의 점장을 맡게 됐는데 마침 아버지가 쓰러졌다. 하지만 눈코 뜰 새 없이 바빴던 그녀는 가족들에게 신경을 쓰지 못했고, 아버지는 결국 얼마 후 돌아가시고 만다. 당시의 죄책감이 이쿠코의 마음에 큰 구멍을 뚫었다. 아무리 후회해도 소중한 사람은 돌아오지 않는다는 것, 스스로에 대한 실망감, 여러 부정적인 감정들로 한동안 일을 줄였다가 딸들이 크고 난 뒤에야 다시 하고 싶었던 일들을 시작했다고 한다. 그 때의 경험이 그녀의 아틀리에, 이쿠코의 테이블과 그녀 자신에게도 큰 영향이자 강력한 동력이 되었다.

이쿠코는 홈파티 협회 1급 자격증과 핑거 푸드 기능사 자격증을 차례로 취득했다. 이제 그녀는 치즈와 와인들을 종합한 대접 교실을 준비한다. 그동안 참고 기다렸던, 그래서 가장 하고 싶었던 것들을 전력으로 노력해 모두 이루겠다는 마음이다.

나이는 50대에 접어들었지만 아직 그녀는 젊고 생생하다. 남몰래 가슴에 묻어야 했던 아픔, 그 아픔을 딛고 일어선 열정이 그 젊음의 비결인 듯하다. 다카하시 이쿠코는 이제 인생의 2막을 시작했다.

테이블에서 공유하는 소소한 행복

자타공인 치즈 전문가인 그녀는 드디어 지난해 꿈에 그리던 아틀리에를 오픈했다. 아틀리에의 이름은 행복을 부르는 접대 살롱 'Ikuko's Table'. 말 그대로 이쿠코의 테이블이다.

그녀가 시작한 '환대 교실'은 최근 신청자를 받자마자 자리가 없을 정도의 인기를 끌고 있다. 이외에도 계절의 테이블 코디와 치즈 플레이팅 레슨, 이브닝 하이티 레슨, 달지 않은 타르트 레슨 등 다양한 수업으로 수강생들의 오감을 만족시킨다. 그녀의 아틀리에에서는 무언가를 배우는 레슨에 그치지 않고 자리의 모두가 소소한 행복을 공유한다. 세련된 치즈 플레이팅과 와인, 샴페인이 함께하는 수업에서 참석자들은 실제 파티에 온 것과 같은 시간을 만끽할 수 있다.

그녀는 소중한 사람과 특별한 시간을 더 많이 보내라고 권한다. 별것 아닌 대접일지라도 테이블을 둘러싼 한때가 즐거우면 그것만으로도 의미가 있다고 말이다. 그녀의 레시피를 통해 레슨을 엿보고, 오늘은 내가 우리 집 홈파티의 호스트가 되어보는 것은 어떨까.

니수아즈 샐러드

소요시간 20분 | **레시피 분량** 4인분 | **난이도** 중

샐러드의 맛을 좌우하는 가장 큰 요소는 드레싱이라고 해도 과언이 아닙니다. 이 레시피에서는 마요네즈 베이스의 부드러운 드레싱을 사용하여 남녀노소 즐기기 좋습니다. 양상추를 통째로 썰어 사용하고 참치와 삶은 달걀을 곁들여 보기에도 화려하고 맛도 좋습니다.

재료

양상추 2/3개
달걀반숙 1개
방울토마토 12개
노란 파프리카 1개
검은 올리브 4개
참치캔 200g
바게트 2조각

마요네즈 2큰술
우유 2큰술
가루치즈 2큰술   A
와인 비니거 2작은술
간 마늘 2작은술
소금, 후추 적당량

01 양상추는 세로로 6등분하여 깨끗이 씻은 뒤 물기를 뺀다. 접시에 담을 때 뿌리 부분을 제거한다.
02 달걀반숙, 방울토마토는 4등분하고, 파프리카는 7mm 크기로 썬다. 검은 올리브는 슬라이스하여 준비한다.
03 바게트는 사방 1cm 크기로 잘라 바삭하게 구워 크루통을 만든다.
04 1의 양상추 위에 2와 3을 보기 좋게 담는다.
05 A의 재료를 섞어 드레싱을 만든다.
06 4에 드레싱을 뿌려 완성한다.

TIP
와인 비니거는 화이트 와인 비니거를 사용하면 채소의 색을 더 잘 살릴 수 있습니다.

새우 칵테일

소요시간 30분 | **레시피 분량** 3인분 | **난이도** 하

달콤한 스위트칠리 소스에 호스래디시를 더해 어른의 입맛을 사로잡는 전채요
리입니다. 홈파티에 사이드 디시 등으로 활용할 수 있습니다. 새우를 사용하되
눈으로도 즐길 수 있도록 유리컵에 화려하게 담아 보았습니다. 맥주를 포함해
와인, 칵테일 등 다양한 술과도 궁합이 잘 맞아 안주로도 좋습니다.

재료

껍질 붙은 새우 12마리
케첩 2큰술
딜 또는 처빌 적당량
레몬 적당량
술 약간

스위트칠리 소스 2큰술 ┐
다진 셀러리 1작은술 │
다진 양파 1작은술   │ A
마늘 1.5작은술   │
호스래디시 1.5작은술 ┘

01 새우는 껍질이 붙어있는 채로 등에 있는 내장을
    빼서 손질한다.
02 술을 넣고 1을 삶아서 식으면 꼬리를 제외한 껍질
    을 벗긴다.
03 A의 재료를 모두 섞어 칵테일 소스를 만든다.
04 글라스에 3의 칵테일 소스를 담고 2의 새우를 올
    린다.
05 딜 또는 처빌, 레몬 등을 올려 완성한다.

TIP
호스래디시가 없다면 간 생강을 사용해도 됩니다. 마지막으로 장식할 때는 잎상추와 파프리카 등
을 더하면 좋습니다.

체리 모차렐라 치즈 카멜리아

소요시간 15분 | **레시피 분량** 5인분 | **난이도** 하

동글동글하고 귀여운 체리 모차렐라를 반으로 자르면 꽃잎처럼 보이는 데서 영감을 얻은 요리입니다. 형태가 아름다워 격식 있는 저녁 식사의 전채요리로도 훌륭합니다. 우유 맛이 나는 부드러운 모차렐라 치즈에 블루베리를 포인트로 올리고 소금과 올리브 오일을 곁들여 심플하게 즐길 수 있는 전채입니다.

재료

체리 모차렐라 치즈 20개
블루베리 5개
올리브 오일 적당량
굵은 소금 적당량

01 체리 모차렐라 치즈는 반으로 자르고 블루베리에는 올리브 오일을 뿌려 준비한다.

02 반으로 자른 체리 모차렐라 치즈를 동백꽃 모양이 되도록 겹쳐 모양을 잡고 한가운데 블루베리를 올린다.

03 소금과 올리브 오일을 뿌려 완성한다.

참치 육회

소요시간 20분 | **레시피 분량** 3인분 | **난이도** 하

신선한 참치를 사용하여 일반적인 소고기 육회처럼 질기지 않고 담백한 육회 요리입니다. 참치는 간편하게 만들 수 있을뿐더러 육류보다 건강한 에너지원입니다. 조리법도 간편하며 마지막에 올리는 잣은 생략해도 무방합니다. 저녁 식사 메뉴, 혹은 맥주 안주로도 좋습니다.

재료

참치 100g
메추리알 노른자 적당량
완두콩 적당량
사과 적당량
잣 적당량

참기름 1작은술
간장 1/2큰술
맛술 3작은술   A
다진 생강 1/2작은술
춘장 약간

01 참치는 먹기 좋은 크기로 잘게 썰어 준비한다.
02 A를 모두 섞어 1을 넣고 재운다.
03 2에 메추리알 노른자와 삶아서 반으로 자른 완두 콩을 올린다.
04 잣 또는 미리 소금물에 담가놓은 사과를 올려 완성한다.

연어 아보카도 롤 스시

소요시간 30분 | **레시피 분량** 2인분 | **난이도** 하

롤은 서양식 초밥으로 세대를 불문하고 호불호 없이 좋아하는 음식입니다. 저녁 식사나 파티에서 호스트의 요리 솜씨를 뽐내기에 적합한 레시피이기도 합니다. 하와이 여행에서 먹었던 레인보우 롤을 재현한 요리로, 완전식품 연어와 영양 만점 아보카도를 넣어 한 끼 식사로도 충분합니다.

재료

횟감용 연어 80g
횟감용 참치 40g
아보카도 1/2개
오이 1/6개
밥 200g
연어알 적당량
무순 적당량
젤라틴 5g
물 200㎖
간장 적당량
고추냉이 적당량

식초 1큰술 ┐
설탕 1큰술 ├ A
소금 1/4작은술 ┘

01 A를 섞어 만든 초밥 식초에 밥을 섞어 초밥용 밥을 준비한다.

02 연어 롤 스시를 만든다. 김밥용 대발 위에 랩을 깔고 초밥용 밥을 골고루 편 뒤 가운데 얇게 썬 오이를 얹고 얇게 만다.

03 5mm 크기로 썬 횟감용 연어를 2에 조금씩 겹쳐가며 모양을 잡아 얹는다.

04 아보카도 롤 스시를 만든다. 김밥용 대발 위에 랩을 깔고 초밥용 밥을 골고루 편 뒤 길고 얇게 썬 참치 회를 얹고 얇게 만다.

05 아보카도는 세로로 반을 잘라 씨를 빼고 껍질을 벗긴 뒤 먹기 좋게 썰어 4에 모양을 잡아 얹는다.

06 물을 중불에 올려 젤라틴이 뭉치지 않도록 잘 저어가며 섞는다. 젤라틴이 녹아서 살짝 끓어오르면 불을 끈다.

07 솔을 이용해 5의 아보카도 롤 스시에 6의 젤라틴을 바른다.

08 3과 7을 알루미늄 포일로 감싸 1.5cm 크기로 자른 뒤 연어알과 무순을 토핑한다. 고추냉이와 간장을 곁들여 완성한다.

TIP

마지막에 젤라틴이나 한천을 발라주지 않으면 아보카도의 색이 변합니다. 만들어서 바로 드세요.

레드 와인 필라프

소요시간 1시간 | **레시피 분량** 4인분 | **난이도** 상

알코올은 날리고 레드 와인의 풍미만 남겨 아이들에게도 인기가 많은 필라프입니다. 리조토를 만들려면 냄비 앞에서 계속 저어가며 요리해야 하지만, 같은 재료를 밥솥에 넣고 안치면 리조토와 같은 맛의 필라프가 된다는 것을 발견해 고안한 레시피입니다.

재료

쌀 360㎖
레드 와인 200㎖
만가닥버섯 100g
양송이버섯 50g
양파 1/2개
마늘 1쪽
올리브 오일 2큰술
간장 1큰술
소고기 콩소메 1스틱
물 180㎖
버터 30g
파르메산 치즈 30g
이탈리안 파슬리 적당량
소금, 후추 약간

01 쌀은 깨끗이 씻어 물기를 빼고 20분간 불린다.
02 올리브 오일을 두른 팬에 다진 마늘과 잘게 썬 양파를 볶다가 향이 올라오면 1을 넣고 쌀이 투명해질 때까지 볶는다.
03 2에 사방 1cm 크기로 썬 만가닥버섯, 양송이버섯을 넣고 살짝 볶아 소금, 후추, 간장으로 간한다.
04 밥솥에 3과 콩소메 스틱, 물, 레드 와인, 버터를 넣고 밥을 안친다.
05 밥이 다 되면 파르메산 치즈와 이탈리안 파슬리를 올려 완성한다.

TIP

버섯은 하얀색을 고르면 필라프 색이 검어지지 않아 레드 와인의 색이 잘 살아납니다. 만가닥버섯 대신 잎새버섯을 사용해도 좋습니다. 레드 와인을 사용할 때는 한 번 끓여서 넣으면 색깔이 선명해지며 감칠맛도 강해지며, 파르메산 치즈가 없다면 일반 가루 치즈를 사용해도 됩니다.

새우 시금치 빵 키슈

소요시간 1시간 | **레시피 분량** 밀크하스 1개분 | **난이도** 중

치즈 향이 나는 키슈를 넣은 빵으로, 식감이 부드러워 아이도 쉽게 먹기 좋습니다. 아침이나 점심 식사로 간단하게 먹기 좋고, 각자 음식을 준비해오는 포트럭 파티에도 잘 어울립니다. 본래 키슈는 파이 반죽을 만들어 쓰지만 반죽을 준비하는 수고를 줄이고 오븐에서 굽는 데 걸리는 시간을 단축해보고자 빵으로 만들어 보았습니다.

재료

밀크하스 1개
만가닥버섯 100g
시금치 100g
생크림 200㎖
베이컨 2장
달걀 2개
그뤼에르 치즈 40g
칵테일 새우 적당량
소금, 후추 적당량

01 밀크하스는 위에서부터 1/4 지점을 가로로 잘라 빵의 가장자리 1cm 정도만을 남기고 속을 파낸다.

02 베이컨, 칵테일 새우, 만가닥버섯은 1cm 크기로 썰어 준비한다.

03 프라이팬에 베이컨을 볶다가 칵테일 새우, 만가닥버섯을 순서대로 넣고 볶는다. 마지막에 시금치를 넣고 소금, 후추로 간한다.

04 생크림과 달걀을 섞어서 준비한다.

05 1의 속을 파낸 밀크하스에 3을 넣고 표면을 은박지로 감싼다. 밀크하스에 4를 붓고 그뤼에르 치즈를 뿌린다.

06 180도로 예열한 오븐에서 40분간 구워 완성한다.

 TIP

밀크하스(milk hearth)는 물 대신 우유를 넣어 화덕에 구운 빵을 말하는데, 여기에서는 직경 18cm 정도 크기를 준비합니다. 밀크하스를 구하기 어렵다면 너무 딱딱하지 않은 지름 18cm 정도의 동그란 빵을 사용해도 됩니다.

벚꽃 슈마이

소요시간 40분 | **레시피 분량** 2인분 | **난이도** 하

아침에 먹으면 저녁까지 든든한 중화요리풍 슈마이입니다. 식어도 맛있는 요리로, 도시락 메뉴로도 좋습니다. 찹쌀을 사용할 경우 미리 쌀을 불려 준비해야 하므로 번거롭지만 도묘지 가루를 사용하면 바로 찔 수 있어 간편합니다.

재료

다진 소고기 150g
다진 돼지고기 150g
양파 1/4
말린 표고버섯 4+1/4개
다진 연근 3큰술
전분 1큰술
분홍색 도묘지 가루 적당량
마이크로 토마토 적당량
부부아라레 약간
처빌 약간

참기름 1작은술 ⎫
굴 소스 1큰술   ⎪
간장 1큰술   ⎪ A
치킨 파우더 2작은술 ⎬
다진 생강 1작은술 ⎪
순무 절임 적당량 ⎭

01 물에 불린 표고버섯과 양파, 연근은 잘게 썰어 다진 고기에 섞어 준비한다.
02 1에 전분과 A를 넣어 섞는다.
03 2를 둥글게 빚어 표면에 도묘지 가루를 골고루 묻힌다.
04 3을 중불에서 12분간 정도 찐다.
05 마이크로 토마토는 반으로 자르고, 순무는 벚꽃 모양으로 깎아서 가운데에 부부아라레를 묻혀 준비한다.
06 4의 위에 5와 처빌을 올려 완성한다.

TIP

도묘지 가루가 없으면 찹쌀가루나 물에 불린 찹쌀을 사용하면 됩니다.

캐비어를 곁들인 블리니

소요시간 30분 | **레시피 분량** 4인분 | **난이도** 중

블리니란 메밀가루와 밀가루를 넣고 얇게 부친 러시아식 팬케이크를 말합니다.
메밀 블리니의 소박한 맛에 캐비어의 짠맛과 사워크림의 신맛을 더한 환상적인
전채요리로, 분위기 있는 저녁 식사에서 샴페인에 곁들이기 좋은 요리입니다.

재료

캐비어 적당량
사워크림 적당량
식용유 적당량

밀가루 100g ┐
메밀가루 70g │
우유 220㎖ │ A
달걀노른자 2개 │
설탕 1큰술 │
베이킹파우더 약간 ┘

01 A의 재료를 전부 섞어 블리니 반죽을 만든다.
02 1을 둥글게 모양을 잡아 식용유를 얇게 바른 프라
    이팬에 양면을 굽는다.
03 동그란 그릇에 블리니를 올리고 사워크림과 캐비
    어를 곁들여 완성한다.

리코타 치즈 아보카도 후무스

소요시간 10분 | **레시피 분량** 4인분 | **난이도** 하

우유의 감칠맛이 나는 부드러운 리코타 치즈를 다양하게 활용해보고자 고안한 레시피입니다. 리코타 치즈에 아보카도가 더해져 깊은 맛이 납니다. 브런치 메뉴로도 잘 어울리며, 드라이한 와인을 곁들여 저녁 식탁에 올려도 좋습니다.

재료

리코타 치즈 50g
아보카도 1개
병아리콩 50~60g
올리브 오일 1큰술
레몬즙 1작은술
소금 적당량
후추 약간

01 올리브 오일을 제외한 모든 재료를 푸드 프로세서에 넣고 갈아서 페이스트 상태로 만든다.

02 1을 그릇에 담고 표면에 숟가락으로 홈을 만들어 올리브 오일을 올려 완성한다.

바움쿠헨 샌드위치

소요시간 30분 | **레시피 분량** 3인분 | **난이도** 하

달콤한 바움쿠헨에 매콤한 페퍼 비프를 곁들인 샌드위치와 짭짤한 훈제연어를 넣은 치즈 샌드위치 두 가지가 완벽한 궁합을 이루는 레시피입니다. 휴일 점심의 브런치나 맥주 안주로 적합한 레시피지만 메인 요리로도 큰 손색이 없습니다. 페퍼 비프 대신 로스트 비프를 사용해도 맛있습니다.

재료

바움쿠헨 적당량
잎상추 적당량
마요네즈 적당량
홀그레인 머스터드 적당량
페퍼 비프 3장
미몰레트 치즈 30g
훈제연어 3장
부르생 치즈 30g
씨 없는 청포도 3개
올리브 3개

01 바움쿠헨을 5mm의 두께로 얇게 썰어 마요네즈, 홀그레인 머스터드를 발라 준비한다.

02 페퍼 비프 샌드위치를 만든다. 1에 잎상추, 페퍼 비프, 미몰레트 치즈를 얹고 1의 바움쿠헨을 하나 더 얹어 샌드위치 형태로 만든 뒤 꼬치로 올리브를 꽂아서 모양을 잡아 완성한다.

03 훈제연어 샌드위치를 만든다. 1에 잎상추, 부르생 치즈, 훈제연어를 얹고 1의 바움쿠헨을 하나 더 얹어 샌드위치 형태로 만든 뒤 꼬치로 씨 없는 청포도를 꽂아서 모양을 잡아 완성한다.

 TIP

미몰레트 치즈는 짙은 주황색을 띠는 치즈로, 그냥 먹거나 샌드위치, 샐러드, 파스타 등에 사용합니다. 부르생 치즈는 마늘 맛과 향신료 맛이 더해진 부드러운 치즈입니다.

새우튀김과 부르생 치즈 타르타르 소스

소요시간 30분 | **레시피 분량** 4인분 | **난이도** 중

누구나 좋아하는 새우튀김을 이용해 파티에서 환영받는 요리를 만들고자 개발한 레시피입니다. 곁들인 부르생 치즈는 진한 크림 타입의 치즈로, 고소함과 함께 신맛이 있어서 자칫 느끼할 수 있는 튀김을 상큼하게 즐길 수 있습니다. 어떤 파티에서도 인기 있는 메뉴를 집에서 만들어 보세요.

재료

새우튀김 4개
부르생 치즈 50g
우유 4큰술
스위트 피클 2큰술
빨간 파프리카 1큰술
노란 파프리카 1큰술

01 새우는 내장을 제거하고 꼬치에 꽂아 일자로 모양을 잡은 뒤 튀김옷을 입혀 새우튀김을 만든다.

02 스위트 피클과 파프리카는 다져서 준비한다.

03 2와 부르생 치즈, 우유를 섞어 타르타르 소스를 만든다.

04 샴페인 잔에 3을 담고 1의 새우튀김을 올려 완성한다.

 TIP

부르생 치즈가 없다면 부드러운 크림치즈에 요구르트를 약간 넣고 거품기로 섞어서 사용해도 됩니다. 이때 우유는 넣지 않습니다.

딸기 마스카르포네 치즈 오픈 샌드위치

소요시간 20분 | **레시피 분량** 3인분 | **난이도** 하

새콤한 산미를 지닌 딸기와 우유의 풍미가 농후한 마스카르포네 치즈가 완벽한 궁합을 이루는 오픈 샌드위치입니다. 휴일 늦은 아침 20분 정도만 투자하면 호텔 조식을 먹는 기분으로 첫 끼를 시작할 수 있습니다.

재료

샌드위치용 식빵 1.5장
마스카르포네 치즈 100g
딸기 적당량
벌꿀 적당량
설탕 과자 적당량
민트 적당량

01 식빵은 대각선 형태로 4등분하여 오븐 토스터에 살짝 구워 준비한다.

02 1에 마스카르포네 치즈를 두툼하게 바르고 그 위에 다시 꿀을 바른다.

03 얇게 자른 딸기를 보기 좋게 모양을 잡아 올리고 설탕 과자나 식용 꽃, 민트 등으로 장식해 완성한다.

 TIP
마스카르포네 치즈를 구하기 어렵다면 휘핑크림 또는 크림치즈를 사용하면 됩니다.

마카로니 라자냐

소요시간 1시간 | **레시피 분량** 2인분 | **난이도** 중

아이들이 좋아하는 토마토 소스와 화이트 소스에 치즈를 더한 파스타입니다. 단면을 잘랐을 때의 모양을 고려해 마카로니로 라자냐를 만들어보았습니다. 먹음직스러운 단면이 미각, 후각, 시각을 모두 만족시키는 요리입니다.

재료

마카로니 100g
다진 소고기 150g
토마토 소스 290g
파르메산 치즈 40g
식용유 적당량

우유 400㎖
버터 20g ⎫
밀가루 2.5큰술 ⎬ A
소금 2/3작은술 ⎭
후추 약간

01 마카로니는 약간 덜 삶아 준비한다.

02 프라이팬에 다진 고기를 볶다가 토마토 소스를 넣고 국물이 반 정도 될 때까지 졸인 뒤 1을 섞고, 빼기 쉽도록 사각형의 틀에 넣어준다.

03 A의 재료로 화이트 소스를 만든다. 밀가루와 버터를 섞어 전자레인지에 30초간 가열한 후 우유를 조금씩 넣어가며 거품기로 섞는다. 랩을 씌우지 않고 전자레인지에서 3분간 가열한다.

04 3을 소금, 후추로 간하고 전자레인지에서 8~10분간 가열한다. 1분마다 꺼내서 거품기로 섞어준다.

05 1에 4의 화이트 소스를 뿌리고 갈아 놓은 파르메산 치즈를 뿌려 190도로 예열한 오븐에서 30분간 굽는다.

06 5를 냉장고에서 하룻밤 식힌 뒤 틀에서 빼면 깔끔하게 자를 수 있다. 먹기 좋은 크기로 자른 뒤 전자레인지에 데워 완성한다.

TIP
사각형 틀이 없는 경우에는 파운드 케이크 틀을 사용하되 꺼내기 쉽도록 쿠킹 시트를 깔면 됩니다. 파르메산 치즈가 없다면 일반 가루 치즈를 사용합니다.

성게알 로제 파스타

소요시간 30분 | **레시피 분량** 1인분 | **난이도** 중

성게알 본연의 맛을 가장 잘 살려 주는 레시피로, 성게알 특유의 무게감을 고려하여 점심, 혹은 저녁 식사 메뉴로 추천합니다. 이탈리아 여행을 갔을 때 레스토랑에서 먹은 성게알 파스타의 맛에 감동해 만들어본 레시피로, 한국적 느낌을 살려 응용해보았습니다. 홀토마토를 넣지 않아도 맛있게 완성할 수 있는 파스타 요리입니다.

재료

파스타 80g
홀토마토 10g
성게 1/4갑
마늘 1쪽
앤초비 1작은술
올리브 오일 1큰술
생크림 50㎖
이탈리안 파슬리 적당량
소금, 후추 적당량

01 파스타를 삶아 준비한다.
02 프라이팬에 올리브 오일을 두르고 약불에서 마늘과 앤초비를 볶는다.
03 2에 홀토마토, 파스타 삶은 물 30㎖를 넣고 약하게 끓인다.
04 3에 생크림과 우유, 성게를 넣고 섞은 뒤 소금, 후추로 간한다. 성게는 토핑용으로 사용할 분량을 남겨둔다.
05 4에 1의 파스타를 넣고 토핑용 성게를 올린다.
06 올리브 오일을 뿌린 뒤 이탈리안 파슬리를 올려 완성한다.

오리 로스트와 체리 소스

소요시간 30분 | **레시피 분량** 4인분 | **난이도** 중

오리는 과일 소스와 아주 궁합이 좋습니다. 홈파티가 있거나 특별한 저녁, 레드 와인과 함께 곁들여 보세요. 오리가 아니라 로스트 치킨을 사용할 수도 있지만 로스트 치킨을 사용할 경우 반드시 속까지 익도록 조리합니다.

재료

오리가슴살 200g
소금 1/4작은술
다크 체리 통조림 1통
레드 와인 150㎖
전분가루 1/2큰술
크레송 적당량

01 실온에 둔 오리가슴살에 소금을 뿌려 간한다.

02 프라이팬에 1의 껍질 쪽을 5분간 굽고 뒤집어서 3분간 굽는다. 겉이 노릇하게 익으면 알루미늄 포일에 싸서 10분간 따뜻한 곳에 보관한다.

03 프라이팬의 기름을 버린 뒤 다크 체리 통조림 시럽과 레드 와인을 넣고 절반으로 줄어들 때까지 졸인다. 졸아들면 체리 과육을 넣고, 전분가루를 같은 양의 물에 풀어 걸쭉하게 만든다.

04 2의 오리가슴살을 얇게 썰고 3의 소스와 크레송을 곁들여 완성한다.

올리브 오일 커스터드 크림 밀푀유

소요시간 40분 | **레시피 분량** 4인분 | **난이도** 하

올리브 오일의 향기가 은은하게 감도는 커스터드 크림입니다. 일반적인 커스터드 크림은 달고 느끼해 조금만 먹어도 금방 물리기 쉽습니다. 더 건강한 디저트를 만들어보고자 버터 대신 올리브 오일을 사용해 만든 레시피입니다. 우유를 두유로 바꾸어 만들어도 맛있습니다.

재료

냉동 파이 시트 1장
우유 200㎖
첨채당 50g
박력분 15g
달걀노른자 2개
올리브 오일 1큰술
바닐라 오일 적당량
슈가 파우더 적당량
딸기 적당량
그린 올리브 적당량

01 냉동 파이 시트를 3mm 정도의 두께로 펼쳐 포크로 구멍을 내고 슈가 파우더를 뿌린 후 190도로 예열한 오븐에서 25분간 굽는다. 반죽이 식으면 먹기 좋은 크기로 잘라 준비한다.

02 커스터드 크림을 만든다. 박력분과 첨채당을 내열 볼에 넣고 거품기로 섞는다. 우유, 달걀노른자 순으로 잘 섞어가며 넣는다.

03 2를 전자레인지에서 4분간 가열한다. 덩어리지지 않도록 중간중간 거품기로 저어준다. 1분에 한 번씩 두 번, 그다음에는 30초마다 한 번씩 네 번 반복한다.

04 마무리로 바닐라 오일, 올리브 오일을 섞어준다.

05 4의 크림이 식으면 짤주머니로 짜서 생딸기, 파이를 곁들여 완성한다.

TIP

냉동 파이 시트는 버터가 들어간 것을 사용합니다. 첨채당은 사탕무로 만든 설탕으로 온라인으로 구매할 수 있으며, 일반 설탕을 대신 사용해도 됩니다. 완성된 커스터드 크림은 빵이나 비스킷과 함께 먹어도 좋습니다.

딸기 초콜릿 베린

소요시간 3시간 | **레시피 분량** 5인분 | **난이도** 중

부드러운 초콜릿 무스에 딸기의 새콤달콤함을 더해 맛의 균형을 잡은 차가운 디저트입니다. 유리컵에 담는 베린 디저트 레시피를 고민하다가 디저트의 스테디셀러인 딸기와 초콜릿을 조합해보았습니다. 달콤한 초콜릿도 딸기와 어우러지면 산뜻하게 즐길 수 있어 지나친 단맛이 부담스러운 분들에게 추천합니다.

재료

달걀노른자 2개
설탕 1/2큰술
생크림 200㎖
커버추어 초콜릿 80g
럼주 적당량
딸기 적당량
처빌 적당량

01 작은 냄비에 달걀노른자와 설탕을 넣고 고무 주걱으로 섞은 뒤 생크림을 더해 섞는다.

02 1을 약불에 올려 달걀노른자가 익지 않도록 주의하면서 잘게 썬 커버추어 초콜릿을 넣고 녹인다.

03 커버추어 초콜릿이 녹으면 럼주를 넣는다.

04 식으면 글래스에 넣어 냉장고에서 2시간 정도 차게 식힌 뒤 라즈베리와 처빌을 뿌려 완성한다.

 TIP

처빌은 파슬리와 비슷하게 생긴 허브의 일종이며, 민트 등의 허브로 대신할 수 있습니다.

칼피스 젤리

소요시간 2시간 15분 | **레시피 분량** 6인분 | **난이도** 중

혀가 녹아버릴 듯한 달콤함과 산미, 크림이 밸런스를 이루는 젤리입니다. 유리 컵에 담아 만들면 눈으로 보는 즐거움까지 더해집니다. 어렸을 때부터 어머니가 만들어주시던 오래된 레시피로, 섞어서 부으면 두 개층으로 나뉘는 젤리를 보며 어린 시절 묘한 설렘을 느꼈던 기억이 납니다. 시각적으로도 미각적으로 시대를 넘어 인기 있는 맛입니다.

재료

칼피스 원액 180㎖
따뜻한 물 380㎖
생크림 100㎖
달걀노른자 1개
가루 젤라틴 5g

01 뜨거운 물에 젤라틴을 넣어 다 녹으면 칼피스를 넣고 섞는다.
02 생크림에 달걀노른자를 섞어 준비한다.
03 2에 1을 넣고 거품이 일어나지 않게 섞는다.
04 3을 투명한 컵에 담아 내용물이 두 개 층으로 나뉘면 냉장고에서 차게 식혀 완성한다.

 TIP
칼피스는 일본의 음료수 브랜드로 온라인으로도 구매할 수 있습니다. 칼피스가 없다면 과즙 100% 과일주스를 사용합니다.

가리비 계절 채소 콩소메 젤리

소요시간 3시간 | **레시피 분량** 6인분 | **난이도** 중

가리비와 계절 채소를 품은 콩소메 젤리는 여름에 먹으면 특히 시원하고 산뜻한 맛을 즐길 수 있습니다. 더운 여름날 점심 식사나 저녁 식사로 적합합니다. 보기만 해도 시원해지는 메뉴가 만들고 싶어 고안한 레시피입니다. 사용하는 계절 채소는 좋아하는 종류로 골라서 사용하실 수 있습니다.

재료

통조림 콩소메 수프 400㎖
가리비 6개
옥수수 1개
아스파라거스 1묶음
빨강 파프리카 1/2개
젤라틴 가루 5g
삶은 완두콩 적당량

01 냄비에 콩소메 수프를 끓이면서 젤라틴 가루를 넣고 젤라틴이 녹을 때까지 잘 저은 뒤 식힌다.

02 가리비는 삶아서 체에 밭쳐둔다. 옥수수는 껍질째 랩으로 싸서 전자레인지에서 5분간 가열하여 알맹이만 떼어 준비한다.

03 아스파라거스는 살짝 데쳐 1cm 길이로 썰고, 삶은 완두콩은 콩깍지를 벗긴다. 파프리카는 사방 5mm 크기로 썰어 랩으로 싸서 전자레인지에서 30초간 가열하여 준비한다.

04 2와 3을 그릇에 담고 1을 부어 냉장고에서 차게 굳혀 완성한다.

명란 리코타 치즈 스프레드

소요시간 10분 | **레시피 분량** 6인분 | **난이도** 하

리코타 치즈의 은은한 단맛에 명란젓의 짠맛과 매운맛을 더한 스프레드입니다.
특히 바게트와 잘 어울려, 빵과 함께 아침 또는 점심 식사로 한 끼를 해결하기 좋
습니다. 잠이 안 오는 밤에는 와인 안주로도 적합합니다.

재료

리코타 치즈 100g
명란젓 1개
샌드위치용 빵 적당량
식용 꽃 적당량
처빌, 차이브 적당량

01 리코타 치즈에 명란을 풀어 섞은 뒤 작은 그릇에
담아 준비한다.

02 샌드위치용 빵은 먹기 좋은 모양으로 잘라서 쿠킹
시트를 깐 판에 올린다. 빵 위에 다시 쿠킹 시트를
깔고 작은 판으로 눌러 170도로 예열한 오븐에서
12분간 굽는다.

03 1에 2를 담고 식용 꽃, 처빌, 차이브 등을 올려 완
성한다.

TIP

명란 대신 대구알을 사용할 수도 있습니다.

Chapter 03

시게무라 미유키

두 가지 인생을 성공적으로 살아가는 독특한 경력의 요리 연구가.
보석 디자이너이자 요리 연구가로서 패션과 미술에서 영감을 받아 전통과 현대가 향토
와 세련됨이 공존한 요리를 선보인다. 요리는 마음을 전하는 수단이며 만국 공통의 언어
라는 생각 아래 더 많은 사람들에게 요리의 즐거움을 전하려 한다.

• • •

대학에서 작곡을 공부한 후 미국 보석 감정사(G.I.A.G.G) 학위를 받고
2017년 도쿄 다이칸야마의 르 꼬르동 블루에서 요리 디플로마를 취득했다.
보석 디자이너로 일하며 요리 교실은 물론 요리 이벤트, 케이터링 등의 활동도 병행
하고 있다.

작곡가, 보석 감정사, 디자이너 그리고 요리 연구가

시게무라 미유키의 경력은 독특하다. 작곡가에서 보석 감정사로, 보석 디
자이너에서 요리 연구가로 변신한 것만 해도 신기한데, 심지어 디자이너
와 요리 교실 일을 함께하며 두 분야 모두에서 인정받는다. 그녀는 스스로
를 앞으로도 '선생님이자 학생'일 것 같다고 소개한다.

요리를 배우면 배울수록 언젠가 나도 교실이 있으면 좋겠다고, 내 아틀리
에를 가지고 싶다는 생각이 들었다고 한다. 그래서 교실에 나가는 날이 아
니라도 매일같이 책을 읽고 또 읽었다. 특히 르 꼬르동 블루에서는 잠까지
아껴 가면서 배운 것들을 반복해서 연습했다. 메추라기의 뼈를 빼는 작업
이 완벽하게 손이 익을 때까지 연습하고, 오믈렛도 만족스러운 결과물이
나올 때까지 만들어 친구들에게 나눠주고 피드백을 구하기도 했다. 또 한
달에 한 번씩 교토에 찾아가 가이세키 요리를 배웠는데, 그래서 그녀의 요
리에는 전통과 현대가, 향토와 세련됨이 공존한다.

요리에 담긴 마음, 새로운 길을 열다

시게무라 미유키는 아무리 간단한 요리라도 누구와 먹느냐에 따라 맛이 달라진다고 말한다. 무엇을 먹느냐보다는 누구와 먹는지를 훨씬 중요하게 생각하고, 그래서 더욱 다양한 아이디어를 낼 수 있었다고 한다. 요리에 앞서 마음을 이해하는 순간 새로운 길이 보였다는 것. 그래서 그녀는 더욱 철저하게 주방에서의 감정조절에 힘쓴다. 본인만의 감각을 살린 메뉴도 꾸준히 개발하고 있는데, 주로 패션과 미술에서 영감을 얻는다고. 자신이 개발한 레시피를 그림으로 그려 남기는 것이 작가적 취미이자 즐거움이다.

그녀는 대외활동에서도 부지런하다. 요리 수업을 운영할 뿐만 아니라 핫토리 영양전문학교에서 강사 활동을 하면서 TV에도 출연한다. 본인의 사업가적 수완도 십분 발휘하여 레시피를 개발하고 요리 수업과 케이터링도 기획해 서비스한다. 2017년 레시피 북《잔치! 샌드위치》를 출간한 이래 각종 미디어에서 제의를 받아 NHK의 '아사이치', 후지TV의 '논스톱', NTV의 'ZIP!', '히루난데스!', TBS의 '비빗트', '임금님의 브런치' 등에 출연하기도 했으며, 잡지 〈TOKYO BREAD BEST GUIDE〉에 실리기도 했다.

요리는 세계 공통의 언어

요리 연구가 후지노 마키코의 소개로 프랑스인들을 위해 스키야키, 일본 샌드위치, 수제 양념 등을 만드는 방법을 강의한 적이 있다. 이때의 수업을 통해 아예 다른 입맛을 지닌 두 요리문화가 자연스럽게 융화되는 과정을 경험했다고. 그녀는 이때의 기억을 되살리며 지금도 핫토리 영양전문학교에서 일본 가정요리 강의를 하고 있다.

그녀는 요리란 '마음을 전하는 수단'이라고 거듭 강조한다. 그래서 아틀리에를 통해 더 많은 사람들에게 요리의 즐거움을 전하려 한다. 국적과 연령, 성별에 상관없이 말이다. 요리는 세계 공통의 커뮤니케이션이며 변하지 않는 소통 수단이라고 생각한다는 시게무라 미유키. 때로는 선생님으로, 때로는 학생으로 거침없이 배우고 가르치고 삶을 살아내는 그녀의 행보가 기대된다.

만간지 고추 조림

소요시간 10분 | **레시피 분량** 2인분 | **난이도** 하

과육이 크고 두껍고 부드러우며 단맛까지 겸비한 만간지 고추는 씨가 적어 먹기 쉬운 것이 특징입니다. 만간지 고추가 없으면 피망을 사용해도 무방합니다. 요리에 익숙하지 않은 초보도 손쉽게 만들 수 있는 음식으로 마지막에 올리는 가쓰오부시가 만간지 고추 조림의 감칠맛을 더해줍니다.

재료

만간지 고추 5~6개
다시 150㎖
생강 1편
맛술 1큰술
간장 1큰술
참기름 1큰술
가쓰오부시 적당량

01 만간지 고추는 먹기 좋은 크기로 썰고, 생강은 채 썰어 준비한다.

02 작은 냄비에 참기름을 두르고 채 썬 생강을 볶다가 향이 올라오면 만간지 고추를 넣는다.

03 2에 다시를 넣고 중불로 끓인다. 맛술, 간장을 넣고 간이 충분히 배도록 약불로 줄인다.

04 만간지 고추가 익으면 그릇에 담고 가쓰오부시를 올려 완성한다.

우엉 조림

소요시간 20분 | **레시피 분량** 4인분 | **난이도** 하

뿌리채소인 우엉은 아삭한 식감에 뒤따라오는 단맛이 일품입니다. 거기다 풍부한 섬유소를 보유하여 다이어트 식품으로도 인기가 좋습니다. 밑반찬으로만 먹기 지겹다면 달걀을 얹어 덮밥처럼 먹어도 별미입니다.

재료

우엉 1개
당근 1/4개
말린 홍고추 1개
간장 1+1/2큰술
술 1큰술
맛술 1큰술
설탕 1/2작은술
참기름 1큰술
참깨 적당량

01 우엉과 당근은 채를 썰어 준비한다.
02 달군 프라이팬에 참기름을 두르고 우엉을 볶는다. 술을 넣고 우엉이 부드러워질 때까지 볶는다.
03 2에 당근과 맛술, 설탕, 간장 1큰술을 넣고 당근이 부드러워질 때까지 볶는다.
04 마무리로 냄비 가장자리에 간장 1/2큰술을 두르고 불을 끈다.
05 접시에 담고 참깨를 뿌려 완성한다.

 TIP

우엉은 두껍게 썰거나 써는 방향을 바꾸면 또 다른 맛으로 변합니다. 다만 손질할 때 너무 강하게 씻지 않도록 주의해 주세요. 향과 영양을 그대로 유지하기 위해 흙만 가볍게 제거하는 방식으로 손질하여 요리하는 것이 좋습니다.

여주 볶음

소요시간 30분 | **레시피 분량** 4인분 | **난이도** 중

여주는 건강에는 좋지만 그 쓴맛 때문에 식탁에 자주 오르지 않는 재료입니다. 이 레시피에서는 돼지고기와 함께 잘 볶아 쓴맛을 완화시켜 영양과 함께 건강한 맛까지 잡았습니다. 더운 여름, 여주로 건강을 지키는 건 어떨까요?

재료

여주 1/2개
삼겹살 250g
두부 1모
당근 1/2개
양파 1/2개
달걀 2개
부추 3~4줄기
육수 50㎖
간장 1.5큰술
설탕 1작은술
참기름 적당량

01 여주는 반을 잘라 씨를 파내고 얇게 썬다. 삼겹살은 폭 5cm, 부추는 3cm 길이로 썰고 당근은 채 썬다. 두부는 물기를 빼서 준비한다.

02 달궈진 프라이팬에 참기름을 두르고 두부를 손으로 뜯어 넣은 뒤 살짝 수분기만 날아갈 정도로만 볶고 꺼낸다.

03 팬에 참기름을 더해 돼지고기를 볶아서 익으면 꺼내고 같은 방법으로 당근, 양파, 여주를 볶는다.

04 프라이팬에 2와 3을 모두 넣고 다시, 설탕, 간장을 넣고 볶다가 풀어 둔 달걀을 넣고 부추를 뿌린다. 달걀을 반숙으로 익혀 완성한다.

 TIP
울퉁불퉁한 도깨비 방망이 모양의 여주를 손질할 때는 보통 쓴맛을 빼기 위해 물에 담가 놓는데, 너무 오래 담가 놓으면 여주 안의 비타민 C가 물에 녹아나오니 주의합니다. 마지막에는 달걀을 넣고 뒤섞지 않는 것이 포인트입니다.

뿌리채소 두유찜

소요시간 30분 | **레시피 분량** 2인분 | **난이도** 하

쌀쌀한 날 한 입 먹으면 뜨끈한 온기를 부르는 두유찜입니다. 두유의 고소한 맛에 고기에서 우러난 진한 육수가 더해져 깊은 맛이 납니다. 취향에 따라 무를 넣어 먹거나 무로 국물을 내도 맛이 좋습니다.

재료

돼지고기 150g
연근 200g
토란 5~6개
당근 1개
우엉 1/2개
실파 2~3줄기
두유 300㎖
다시 300㎖
된장 2~3큰술
참기름 1큰술
식용유 적당량

01 돼지고기는 5cm 크기로, 연근은 한입 크기로 썬다. 당근과 우엉은 깍둑썰기하고 토란은 껍질을 벗겨 준비한다.

02 냄비에 참기름을 두르고 돼지고기를 볶는다. 우엉, 당근, 연근, 토란을 순서대로 넣고 채소에 식용유를 둘러 볶는다.

03 2에 다시를 붓는다. 한소끔 끓으면 약불로 줄이고 뚜껑을 덮는다. 거품을 잘 걷어내면서 채소에 젓가락이 들어갈 정도까지 끓인다.

04 냄비에 두유를 넣고 팔팔 끓인 뒤 된장을 풀고 약불에서 10분간 졸인다.

05 접시에 담고 잘게 썬 실파를 얹어 완성한다.

작은 전갱이 남방 절임

소요시간 2시간 50분 | **레시피 분량** 5인분 | **난이도** 상

전갱이는 감칠맛이 뛰어난데다 생선 특유의 냄새가 거의 없습니다. 고소한 전갱이와 새콤달콤한 채소가 만난 남방 절임은 생선 요리임에도 냄새가 없고 맛이 좋아 초대 요리로 적합합니다. 오늘 저녁상에 작은 전갱이를 올려 보시는 건 어떨까요.

재료

작은 전갱이 10마리
양파 1/2개
당근 1/2개
피망 1개
양하 1개
생강 1편
마른 홍고추 1/2개
가쓰오부시 한 줌
밀가루 적당량
기름 적당량

다시 200g
쌀 식초 200㎖
청주 2큰술
맛술 2큰술 ⎱ A
설탕 3큰술
진간장 2큰술
우스쿠치 간장 1.5큰술

01 양파는 가로로 얇게 썰고, 당근과 피망, 양하와 생강은 채 썬다. 마른 홍고추는 잘게 썰어 준비한다.

02 A를 냄비에서 끓여 조미액을 만든다. 끓어 오르기 직전에 불을 끄고 가쓰오부시를 넣었다가 식으면 걸러 낸다.

03 작은 전갱이는 비늘과 내장을 제거한다. 키친타월로 물기를 제거하고 전분을 넉넉히 묻힌 후 여분의 가루는 털어낸다.

04 2의 조미액에 1의 재료를 모두 넣는다.

05 180도로 가열한 기름에 작은 전갱이를 튀겨 뜨거울 때 조미액에 담근다.

06 냉장고에서 차갑게 식혀 완성한다.

TIP

우스쿠치 간장이란 일본의 재래식 간장의 한 종류로, 콩 본연의 맛을 살리기 위해 색과 향을 절제한 간장을 말합니다.

동과 닭고기 조림

소요시간 1일 | **레시피 분량** 2인분 | **난이도** 하

동과는 맛이 순하고 부드러우며 즙이 많아 무와 매우 유사한 맛을 지니고 있습니다. 박과에 해당하는 호박의 일종으로 영양소 역시 풍부한 건강식이지요. 동과와 닭고기에서 우러난 국물을 한 숟갈 떠서 맛보면 깔끔함과 시원함 그리고 담백함까지 한꺼번에 느낄 수 있습니다.

재료

동과 400g
닭허벅지살 200g
육수 1ℓ
소금 1~1.5큰술
생강 1쪽
후추 적당량

01 한입 크기로 자른 닭고기와 다진 생강을 지퍼백에 넣고 냉장고에서 하룻밤 정도 숙성시킨다.

02 동과는 껍질을 벗기고 먹기 좋은 크기로 썬다.

03 끓는 물에 소금을 넣고 동과가 부드러워질 때까지 익힌다.

04 냄비에 참기름을 두르고 닭고기를 살짝 볶은 후 동과와 육수를 넣는다. 약불에서 천천히 끓인 뒤 접시에 옮겨 담고 후추를 뿌려 완성한다.

 TIP

동과가 없다면 시중에서 파는 무를 넣어도 맛 좋은 조림을 만들 수 있습니다.

생강 산초 꽁치 조림

소요시간 25분 | **레시피 분량** 2인분 | **난이도** 하

꽁치의 비린 맛을 잡아주는 산초를 사용한 꽁치 조림으로, 어릴 적 집에 들어오면 엄마가 해 주시던 생강 산초 꽁치 조림의 기억을 되살린 레시피입니다. 저렴한 가격으로 서민들의 생선이라 불리는 꽁치로 가을 저녁 따뜻한 저녁 한 끼를 준비해보시는 건 어떠신가요?

재료

꽁치 2마리
생강 1편
산초 열매 1작은술
청주 250㎖
맛술 1큰술
간장 1큰술
설탕 1/2큰술
우스쿠치 간장 1/2큰술
산초잎 적당량

01 꽁치는 잘 씻어 3~4등분하고 소금을 뿌려서 얼음 위에 보관한다.

02 프라이팬에 1과 청주, 채 썬 생강, 산초 열매를 넣고 센 불에 끓인다.

03 청주의 알코올이 날아가면 맛술, 설탕을 넣고 2분 정도 더 끓인다.

04 간장을 넣고 숟가락으로 국물을 꽁치 위에 뿌려주면서 센 불에서 졸인다.

05 국물이 절반 이하로 줄어들고 걸쭉해지면 조선간장을 넣고 약간 더 끓인 후 접시에 담고 산초 잎을 올려 완성한다.

TIP

생선을 요리할 때 뚜껑을 덮으면 생선 비린내가 날아가지 않습니다. 술은 요리용 술이 아니라 청주를 사용합니다. 우스쿠치 간장이란 일본의 재래식 간장의 한 종류로, 콩 본연의 맛을 살리기 위해 색과 향을 절제한 간장을 말합니다.

돼지고기 된장국

소요시간 20분 | **레시피 분량** 6인분 | **난이도** 중

돼지고기 된장국은 돈지루라고도 하여 일본의 대표 가정식 메뉴입니다. 오늘은 내가 심야식당의 마스터가 되어 드라마에서 눈으로만 맛봤던 돈지루 한 그릇을 만들어 봅시다. 들어가는 재료에 비해 만드는 법이 간단해 초보도 쉽게 할 수 있습니다.

재료

삼겹살 200g
무 1/4개
당근 1/2개
고구마 1/2개
우엉 1/2개
유부 1/2장
된장 5~6큰술
다시 1~1.5ℓ
실파 2~3개
참기름 1~2큰술
버터 10g

01 돼지고기는 폭 5cm 정도로 썰고, 무와 당근은 깍둑썰기한다. 우엉은 어슷썰기하고 유부는 3cm 정도 길이로 썰어 준비한다.

02 큰 냄비에 참기름을 두르고 돼지고기를 볶는다. 고기가 다 볶아지면 다른 그릇에 잠시 옮겨둔다.

03 실파를 제외한 모든 채소를 넣고 살짝 볶아 전체에 기름이 돌면 돼지고기와 육수를 넣는다.

04 채소가 익으면 된장과 버터를 넣고 10분 정도 더 끓인다.

05 그릇에 옮겨 실파를 올려 완성한다.

TIP
마지막에 넣는 버터가 감칠맛을 살려줍니다. 취향에 따라 고춧가루를 추가해도 좋습니다.

두유 뿌리채소 볶음

소요시간 20분 | **레시피 분량** 4인분 | **난이도** 하

비지로 만든 볶음, 드셔 보셨나요? 비지의 고소한 맛은 국물 요리뿐 아니라 볶음 요리에도 잘 어울립니다. 거기다 각종 뿌리채소를 더해 영양도 맛도 한층 끌어 올린 채소 볶음입니다. 독특하지만 실패하지 않는 레시피로, 새로운 맛을 찾는 분들께 추천합니다.

재료

비지 300g
표고버섯 3개
당근 1/2개
우엉 1/2개
실파 2개
육수 800㎖
생강 초절임 적당량

맛술 60㎖
우스쿠치 간장 60㎖ ⎤
술 30㎖   ⎥ A
설탕 20~25g   ⎥
참기름 2~3큰술   ⎥
소금 1/4 작은술   ⎦

01 깊은 냄비에 기름을 두르고 잘게 썬 당근, 우엉을 가볍게 볶는다.
02 비지, 표고버섯, 육수, A를 넣고 저으면서 수분이 없어질 때까지 끓인다.
03 수분이 없어지면 실파를 넣는다. 그릇에 담고 생강을 올려 완성한다.

TIP

우스쿠치 간장이란 일본의 재래식 간장의 한 종류로, 콩 본연의 맛을 살리기 위해 색과 향을 절제한 간장을 말합니다.

명이나물과 두릅 튀김

소요시간 15분 | **레시피 분량** 2인분 | **난이도** 중

도시락 메뉴로 좋은 명이나물과 두릅 튀김입니다. 아라레와 함께 도시락에 올리면 어떤 조합으로든 생기를 넣어 주는 마법 같은 레시피지요. 아이들이 좋아하는 고기반찬에 부족한 영양소를 채워 주는 메뉴입니다.

재료

명이나물 5~6개
두릅 5~6개
도묘지 가루 30g
오색 아라레 30g
밀가루 적당량
참기름 적당량
소금 약간

달걀흰자 1개 ⎤
밀가루 2작은술 ⎦ A

01 명이나물과 두릅을 깨끗이 씻어 키친타월로 물기를 제거해 준비한다.

02 A의 재료를 섞어 머랭을 만든다. 핸드믹서로 달걀흰자를 쳐서 머랭이 단단해지면 밀가루를 넣고 섞는다.

03 명이나물과 두릅의 아래쪽에 밀가루를 얇게 묻힌 뒤 밀가루를 묻힌 부분에 2를 바른다.

04 명이나물은 도묘지 가루로, 두릅은 오색 아라레로 튀김옷을 입힌다.

05 160~170도로 가열한 기름에서 튀김옷 색이 변하지 않을 정도로 튀긴다. 튀긴 후 뜨거울 때 소금을 뿌려 완성한다.

TIP

도묘지 가루는 쪄서 말린 찹쌀가루를 말합니다. 아라레는 화과자와 비슷한 쌀 튀김 과자로, 온라인으로 구입할 수 있습니다.

우엉 닭고기 밥

소요시간 40분 | **레시피 분량** 2인분 | **난이도** 중

우엉과 닭은 궁합이 좋습니다. 우엉의 향이 닭의 누린내를 잘 억누르는데다, 닭에서 나온 기름이 우엉에 고소한 맛을 더해 최고의 한 끼 식사가 됩니다. 닭고기의 맛에 우엉의 향, 거기다 마무리로 바삭하게 구운 닭 껍질의 식감이 조화로운 밥입니다. 식어도 맛있어 도시락이나 주먹밥으로 만들어도 좋습니다.

재료

쌀 360㎖
닭다리살 150g
우엉 30g
당근 1/2개
유부 1/2장
버섯 적당량
다시 380㎖
간장 2큰술
맛술 1.5큰술
반디나물 적당량
참기름 적당량
소금 약간

01 쌀을 씻어 체에 밭친다.

02 우엉은 어슷썰기하고, 당근과 유부는 3cm 정도 길이로 길게 썬다. 반디나물은 폭 2cm 정도로 썰어 준비한다.

03 닭고기는 2cm 크기로 자른다.

04 달군 냄비에 기름을 두르고 닭 껍질 쪽부터 굽는다. 닭 껍질이 바삭하게 구워지면 꺼내서 기름을 빼고 뜨거울 때 소금을 뿌린다.

05 닭 껍질을 구운 냄비의 기름을 남겨두고 반디나물을 제외한 모든 재료를 넣는다. 중불로 끓이다가 끓어오르면 뚜껑을 덮고 불을 줄여 13분 정도 더 가열한다.

06 불을 끄고 15분 정도 뜸들인 후 그릇에 담고 반디나물을 얹어 완성한다.

TIP

우엉의 아삭거리는 식감이 싫다면 우엉을 조금 더 얇고 잘게 썰어서 넣으면 됩니다. 닭 껍질에서 나온 기름은 맛이 좋으므로 제거하지 않고 그대로 밥을 짓습니다. 기름이 너무 많이 나오면 종이 등으로 제거하고 마지막에 반디나물 대신 산초잎과 실파를 뿌려도 좋습니다.

로스트 비프 지라시스시

소요시간 1일 | **레시피 분량** 4인분 | **난이도** 상

로스트 비프는 비주얼로 한 번, 흐르는 육즙과 맛으로 또 한 번의 탄성을 자아내는 요리입니다. 홈파티에도 잘 어울리도록 로스트 비프로 지라시스시를 만들어 보았습니다. 고기 대신 회, 연어알, 채소, 장어, 달걀 등 좋아하는 재료를 넣어 만들어도 좋습니다. 충분한 준비 시간을 들여서 구워주세요.

재료

소고기 사태 400g
쌀 360㎖
물 360㎖
채소절임 40g
소금 4g
양하, 차조기 적당량
메네기, 호지소 적당량
굵은 후추 적당량

간장 250㎖ ⎤
설탕 150g ⎥ A
대파 5cm ⎥
생강 20g ⎦

쌀 식초 100g ⎤
설탕 65g ⎥ B
소금 15g ⎥
다시마 5cm ⎦

01 소고기는 소금과 후추로 밑간하여 냉장고에 1시간 정도 재워 준비한다.

02 고기 양념을 만든다. 볼에 A를 넣고 파를 손으로 잘게 찢어서 섞는다.

03 지퍼백에 1과 2를 넣고 밀봉해 상온에서 30분간 숙성시킨 후 키친타월로 고기의 물기를 닦아낸다.

04 프라이팬에 기름을 두르고 3을 센 불에서 표면이 노릇해지도록 굽는다.

05 겉이 어느 정도 익으면 고기를 쿠킹포일로 감싸 180도로 예열한 오븐에서 약 10분간 굽는다. 고기가 식으면 먹기 좋게 썰어 완성한다.

06 초밥을 만든다. 하루 전날 B의 재료를 섞어 초밥 식초를 만든다.

07 쌀을 깨끗이 씻어 같은 양의 물에 다시마를 넣고 밥을 안친다. 밥이 끓기 시작하면 다시마를 꺼낸다.

08 5분간 뜸을 들인 뒤 밥이 따뜻할 때 6의 초밥 식초와 잘게 썬 양하, 차조기를 넣고 재빨리 섞는다.

09 8의 밥 위에 5의 고기를 올리고 메네기와 호지소를 얹어 완성한다.

TIP

메네기는 파의 싹을, 호지소는 차조기의 꽃봉오리를 말합니다. 또한 만들어둔 고기 양념은 3번까지 사용할 수 있으니 쓰고 남은 것은 한 번 끓여서 냉장고에 보관하세요.

연어 주먹밥

소요시간 1시간 | **레시피 분량** 2인분 | **난이도** 중

연어는 완전식품으로 회나 스테이크, 샐러드로도 훌륭한 요리가 됩니다. 이런 연어를 주먹밥으로 만들어 든든한 한 끼를 꽉 채웠습니다. 취향에 따라 주먹밥 안에 시소와 연어알을 추가하거나 다른 요리를 넣어 먹어도 새로운 맛을 느낄 수 있습니다.

재료

연어 200g
쌀 360㎖
물 420㎖
다시마 5cm
참깨 4큰술
소금 적당량

01 쌀을 씻어 물에 불리고 체에 밭쳐 물기를 뺀다.
02 뚝배기에 쌀을 넣고 물과 다시마를 넣는다. 중불에서 가열하다가 물이 끓으면 다시마를 꺼내고 약불에서 10~12분간 끓인 뒤 불을 끄고 15분간 뜸을 들인다.
03 밥을 짓는 동안 연어를 그릴에 굽는다. 연어가 익으면 껍질과 가시를 제거하고 살을 발라낸다. 잔 가시가 남지 않도록 주의한다.
04 참깨는 기름을 두르지 않고 약불에서 향이 날 때까지 천천히 볶는다.
05 뜸 들이기가 끝난 밥에 연어와 참깨를 넣고 소금으로 간한다.
06 밥이 식으면 손에 물을 묻혀서 주먹밥으로 뭉쳐 완성한다.

TIP

쌀을 불리는 시간은 여름에는 30분, 겨울에는 1시간 정도가 적당합니다. 연어를 구울 때는 너무 오래 구우면 살이 퍼석퍼석해질 수 있으니 주의합니다.

셀러리 소시지 수프

소요시간 25분 | **레시피 분량** 6인분 | **난이도** 상

토마토를 베이스로 만든 수프로 빵과 함께 먹어도 맛있습니다. 놀러온 친구에게 간단하지만 맛 좋은 한 끼를 대접하고 싶다면 추천하는 메뉴입니다. 믹스빈즈를 넣어 토마토의 상큼함을 살짝 잡아 중량감의 밸런스를 맞췄습니다. 학생뿐만 아니라 나이 드신 어른들도 한번 먹으면 푹 빠지는 맛입니다.

재료

소시지 8~10개
마늘 1쪽
양파 1/2개
셀러리 15cm
양배추 1/4개
당근 1개
호박 1/4개
홀토마토 1캔
방울토마토 10개
믹스 빈즈 50g
올리브 오일 적당량
소금, 후추 적당량

01 소시지와 셀러리, 양파, 당근, 호박, 양배추를 먹기 좋은 크기로 썰어 준비한다.

02 큰 냄비에 올리브 오일과 마늘을 넣고 볶다가 향이 올라오면 셀러리, 양파를 넣고 소금을 뿌려 양파가 투명해질 때까지 볶는다. 다 볶아지면 다른 그릇에 옮겨둔다.

03 냄비에 올리브 오일을 더 두르고 당근, 호박을 볶는다. 기름이 고루 퍼지면 2와 소시지, 양배추, 홀토마토를 넣고 채소가 잠길 정도로 물을 넣는다.

04 당근, 호박이 익으면 믹스 빈즈, 방울토마토를 넣고 살짝 뭉그러질 때까지 익힌 뒤 소금, 후추로 간하여 완성한다.

닭다리살 튀김

소요시간 25분 | **레시피 분량** 2인분 | **난이도** 상

남녀노소 불문하고 누구나 사랑하는 레시피로 술안주나 도시락 반찬으로도 좋습니다. 타르타르 소스나 레몬즙을 뿌리면 잘 어울리며, 유자나 후추를 곁들여 술안주로, 혹은 양파와 간장소스를 더해 덮밥으로 즐길 수도 있습니다.

재료

닭다리살 1장
간장 1.5큰술
마늘 1/2쪽
생강 1쪽
녹말가루 적당량
튀김용 기름 적당량

01 먹기 좋은 크기로 썬 닭고기와 다진 마늘, 다진 생강, 간장을 지퍼백에 넣고 잘 주물러 냉장고에서 15분 정도 숙성시킨다.

02 180도로 가열한 기름에 수분을 제거하고 녹말가루를 묻힌 닭고기를 3분간 튀긴다. 튀긴 닭고기는 그물망 위에 올려 기름기를 빼낸다.

03 튀김용 기름의 온도를 200도까지 올려 한 번 더 튀겨 완성한다.

베이컨 포테이토 샐러드

소요시간 40분 | **레시피 분량** 4인분 | **난이도** 중

도저히 맛이 없을 수가 없는 조합, 베이컨과 감자에 샐러드를 더했습니다. 양념을 약간 더해 마무리하면 요리의 완성도가 몇 배나 올라갑니다. 미리 만들어 두면 토스트 사이에 넣어 샌드위치 속으로도 쓸 수 있으며 스테이크의 가니시로도 훌륭합니다.

재료

감자 3개
베이컨 150g
적양파 1/4개
크레송 적당량
마요네즈 3~4큰술
홀그레인 머스터드 3큰술
와인 비니거 1작은술
통후추 적당량
소금 약간

01 감자를 쪄서 뜨거울 때 껍질을 벗긴 뒤 가볍게 으깨서 와인 비니거와 소금을 넣고 섞는다.

02 베이컨은 3cm 정도 길이로 길게 자르고, 적양파는 얇게 채 썰어 준비한다.

03 베이컨을 볶는다. 베이컨이 다 볶아지면 트레이에 키친타월을 깔고 베이컨을 올려 기름기를 뺀다.

04 적양파에 살짝 소금을 뿌리고 15분 정도 후에 물기를 제거한다.

05 감자, 베이컨, 양파를 볼에 담고 홀그레인 머스터드, 마요네즈를 더해 섞는다. 접시에 담아 크레송을 얹고 통후추를 갈아 얹어 완성한다.

TIP

화이트 와인 비니거를 사용하면 샐러드의 색을 살릴 수 있습니다.

핑크 드레싱

소요시간 5분 | **레시피 분량** 양파 한 개분 | **난이도** 하

5분이면 만들 수 있는 간단하고 건강한 드레싱입니다. 색감도 예뻐 접대용 드레싱으로 추천하는데, 특히 푸른색 채소와 색 조합이 뛰어나 식탁의 통일성을 지키며 색감을 더하기에 적합합니다. 적양파가 없으면 일반 양파를 사용해도 괜찮습니다. 올리브 오일을 사용하면 양식 스타일, 검은 참기름을 조금 첨가하면 차이나 스타일로 만들 수 있습니다.

재료

적양파 1개
식초 2큰술
참기름 1큰술
소금 1큰술

01 적양파는 껍질을 벗기고 갈아 준비한다. 적양파를 갈 때 나오는 수분도 함께 보관한다.

02 식초와 참기름, 소금을 섞은 뒤 1을 넣어 완성한다.

 TIP

만들어서 하루 정도 숙성시키면 양파의 매운맛이 사라져 더욱 맛있습니다. 냉장고에서 10일 정도 보관할 수 있으며 취향에 따라 후추, 고춧가루 등을 첨가해도 좋습니다.

Chapter 04

오타 미오

와세다 대학 제일 문학부를 졸업하고 레코드 회사 음악 감독을 역임한 독특한 경력의 소유자다. 자연식이나 허브, 먹거리 교육에 큰 관심을 가지고 있으며 메디컬 아로마 강사 자격까지 보유한 다재다능한 요리 연구가다. '오감이 충족되는 삶이 행복하다'는 모토 아래 오늘도 아틀리에서 행복을 볶아내고 있다.

와세다 대학 문학부 출신. 작가, 미술가, 음악가, 요리 연구가.
접대 요리와 테이블 코디, 아로마 활용법 등을 가르치는 아로마의 교실
'라이프스타일 아틀리에 매그놀리아(lifestyle atelier MAGNOLIA)'를 주재하고 있다.

다채로운 예술을 경험하다

오타 미오의 고향은 후쿠오카지만 어린 시절을 미국 캘리포니아주 샌디에이고에서 보내고 고등학교를 졸업할 때까지 구마모토현에서 자랐다. 그녀가 유년기를 보낸 샌디에이고는 부활절이나 핼러윈, 크리스마스 등 계절 이벤트가 유난히 많은 곳이다. 당시 그녀의 어머니는 소중한 사람을 초대해 대접하는 홈파티를 자주 열며 많은 사람들과 어울렸는데, 그녀는 그때의 화려한 기억들이 강한 인상으로 남았다고 반추한다.

어렸을 때부터 무언가 만드는 일을 좋아하던 그녀가 처음으로 요리를 만들었던 것은 초등학교 1학년 때의 일이었다. 당시 도서관에서 빌린 요리책에 실려 있던 딸기 생크림 샌드위치를 만들었는데, 그녀는 그때가 '요리는 정말 최고!'라고 생각했던 첫 순간이라고 회상한다. 이후 취미로 꾸준히 요리를 해왔다.

어린 시절 그녀의 장래희망은 피아니스트였다. 고등학생 때는 아버지의 뒤를 이어 의대에 갈지, 혹은 음대나 미대에 갈지 고민했다고 한다. 그러나 결국 그녀가 택한 곳은 종합대학이었다. 그녀는 대학에서 예술학과 사회학을 배웠다. 다양한 분야의 예술을 체험해보고 싶어, 재학 중에도 독일인 사진가 아람 디키시얀(Aram Dikiciyan)의 조수 일을 하며 문화 잡지의 미술 담당 편집자, 광고 대행사의 인턴으로 일했다. 대학을 졸업한 후에는 레코드 회사에서 클래식이나 팝송의 디렉터를 맡아 음악을 제작하고 영화음악, 컴필레이션 음반을 기획 및 제작했다.

삶의 기본 요소, 음식

오타 미오는 예술 분야의 한가운데서 일하면서도 늘 사람의 생활과 마음에 스며드는 작업을 하고 싶어 한다. 그녀가 요리의 길을 택한 이유는 삶의 기본이 바로 '음식'에 있다고 생각했기 때문이다. 메뉴를 정하고 주방에서는 일 자체가 너무나 행복했다. 그 뒤로 평소 좋아하던 요리 공부를 시작했다. 현재는 인기 있는 요리 연구가로서 요리 교실을 개최하고, 기업을 위한 레시피를 개발하거나 미디어에 의뢰받은 칼럼을 쓰기도 한다.

그녀의 아틀리에인 '아로마의 교실'에서는 접대 요리, 테이블 코디 수업, 생활에 활용하는 아로마 테라피 수업을 진행한다. 요리뿐 아니라 생활 전반을 테마로, 쉽게 구할 수 있는 재료 안에서 누구나 시도해볼 수 있는 방법을 가르친다. 술도 마음껏 마실 수 있고, 자유로운 분위기에서 수업이 진행되어 찾는 사람들이 많다.

그녀의 욕심은 단지 거기에 멈추지 않고 지금은 새로운 아틀리에 공간을 준비하고 있다. 새 아틀리에에서는 한층 카테고리가 다양해진 요리교실, 아로마 테라피 교실, 메디컬 아로마 스쿨, 정리 수납 수업 등을 선보일 예정이다. 더 많은 사람들에게 삶과 마음을 풍부하게 하는 기술을 전파하며, 자신도 타인도 인생의 행복을 찾아가는 것이 목표라는 그녀의 목소리가 군불처럼 따스했다.

자기 자신을 대접하는 행복

오타 미오는 일상의 각 부분을 조금만 정중하게 바꾸어도 작은 행복이 태어난다고 주장한다. 사랑하는 사람과 제철 재료로 만든 맛있는 밥을 먹고 좋아하는 인테리어에 둘러싸여 사는 것, 좋아하는 음악에 마음을 설레는 것, 좋아하는 향기에 싸여 있는 것, 그런 것들에서 행복한 인생이 만들어진다고.

요리는 남을 대접하는 동시에 스스로를 대접하는 일이기도 하다. 오타 미오는 타인에 앞서 자신을, 자신과 함께 타인을 매 순간 대접하면서 작은 행복들을 더 크게 꾸려 나가고 있다.

적양배추 포도 마리네

소요시간 10분 │ **레시피 분량** 2인분 │ **난이도** 하

부드러운 신맛의 적양배추와 포도의 단맛이 더해진 요리입니다. 보기에도 화려하여 파티 요리 등에서 잔에 담아 전채로 제공하기 좋습니다. 포도 대신 사과나 오렌지를 사용해도 맛있습니다.

재료

적양배추 1/4통
초밥 식초 2큰술
소금 1/2작은술
포도 8개

01 포도는 알을 반으로 썰어 준비한다.

02 적양배추는 채를 썰어 소금을 넣고 끓인 물에 15초간 살짝 데친 뒤 체에 밭쳐 물기를 뺀다.

03 그릇에 2를 넣고 뜨거울 때 초밥 식초를 넣어 버무린다.

04 3이 식으면 1의 포도를 넣고 버무려 냉장고에서 30분간 차갑게 식혀서 완성한다.

 TIP

초밥 식초는 초밥을 만들기 위해 미리 양념해둔 달콤한 식초를 말합니다. 구하기 어렵다면 식초에 벌꿀을 섞어서 사용하면 됩니다.

방울토마토 조림

소요시간 15분 | **레시피 분량** 4인분 | **난이도** 하

방울토마토의 단맛과 다시 맛이 어우러져 계속 손이 가는 상큼한 토마토 조림입니다. 다양한 색의 방울토마토로 만들면 색이 알록달록 화려하고 보기 좋습니다. 특별한 날 손님을 위한 접대용 요리로도 잘 어울리며, 오크라 등 여름 채소를 사용하여 만들어도 맛있습니다.

재료

방울토마토 30개
다시 400㎖
설탕 1큰술
식초 1큰술
진간장 1큰술
맛술 1큰술
양하 1개
차조기 2장
참깨 적당량

01 방울토마토는 꼭지를 떼고 십자 모양으로 칼집을 넣어 준비한다.

02 1을 끓는 물에 1분 정도 데쳐서 얼음물에 담가 껍질을 벗긴다.

03 약불에 다시와 설탕을 넣고 설탕을 녹인다.

04 설탕이 녹으면 불을 끄고 껍질을 벗긴 방울토마토를 넣어 냉장고에서 식힌다.

05 먹기 전 얇게 썬 양하나 시소 등 고명을 얹어 완성한다.

 TIP

방울토마토에 칼집을 넣는 이유는 데쳐서 껍질을 벗기기 쉽게 하기 위해서입니다. 칼집을 너무 깊게 넣지 않도록 주의합니다.

단호박 견과 어뮤즈

소요시간 15분 | **레시피 분량** 4인분 | **난이도** 하

단호박의 단맛과 견과류의 바삭바삭한 식감이 대비를 이루는 요리로, 간단한 손님맞이에도 안성맞춤인 가을 요리입니다. 건포도 이외의 말린 과일을 넣어도 맛있습니다. 견과류와 캐슈넛은 수분을 잘 빨아들여 흐물흐물해지기 쉬우므로 주의합니다.

재료

호박 500g
우유 20㎖
꿀 1.5큰술
소금 1/2작은술
견과류 한 줌
건포도 한 줌

01 단호박은 씨를 빼고 껍질째로 3cm 크기로 썰어 준비한다.

02 전자레인지용 접시에 단호박 껍질을 위로 하여 담고 랩을 씌워 전자레인지에서 5분 정도 가열하여 충분히 익힌다.

03 부드러워진 단호박은 칼로 껍질을 벗기고 으깬다.

04 3에 우유와 꿀을 넣고 소금을 넣어 간을 맞춘 뒤 믹서로 부드러워질 때까지 갈아준다.

05 먹기 직전에 건포도를 넣고 잘 섞은 뒤 견과류를 올려 완성한다.

연근 배추 우유 수프

소요시간 30분 | **레시피 분량** 2인분 | **난이도** 상

심신이 따뜻해지는 부드러운 맛의 우유 수프입니다. 연근, 배추, 생강은 추운 계
절에 몸을 따뜻하게 해주는 재료로, 건강식 메뉴로도 좋습니다. 연근과 배추 외
에 좋아하는 채소를 넣어 만들어도 맛있습니다.

재료

연근 200g
배추 100g
양파 70g
물 450㎖
우유 450㎖
버터 1큰술
다진 생강 1큰술
콩소메 가루 1큰술
소금 1/2작은술

01 양파와 연근은 얇게 썰고 배추는 큼직하게 썰어 준
    비한다.
02 냄비에 버터를 넣고 중불에 올려 얇게 썬 양파를 넣
    고 볶는다. 양파가 투명해지면 연근, 배추 순서대로
    넣어 한 번 더 볶는다.
03 배추가 숨이 죽으면 물, 우유와 콩소메 가루를 넣은
    뒤 뚜껑을 덮어 15분간 약불에서 끓인다.
04 믹서로 3이 부드러워질 때까지 갈아준다.
05 4를 냄비에 담아 중불에 생강, 소금을 넣고 한소끔
    끓여 완성한다.

양하 시라스 폰즈 무침

소요시간 3분 | **레시피 분량** 2인분 | **난이도** 하

멸치 치어의 감칠맛에 차조기와 양하의 향을 더하고 산뜻한 폰즈로 무쳐 완성한 요리입니다. 저녁 식사에 요리 하나가 모자라는 기분이 들 때 만들어 보세요. 양 념은 시소 대신 작은 파를 다져 넣어도 무방합니다.

재료

찐 멸치 치어 300g
폰즈 적당량
양하 1개
차조기 2장

01 양하와 차조기는 채를 썰어 준비한다.
02 찐 멸치 치어를 접시에 담고 채 썬 양하와 차조기
　　 를 올린다.
03 폰즈를 뿌려 완성한다.

TIP

시라스는 투명한 물고기의 치어로, 일본에서는 주로 멸치의 치어를 삶아서 판매하고 있습니다. 이 를 건조시킨 것을 치리멘이라고 합니다.

참치 다타키 쑥갓무침

소요시간 15분 | **레시피 분량** 4인분 | **난이도** 중

간 무와 함께 쑥갓의 향기가 어우러져 상큼한 참치를 즐길 수 있습니다. 넓은 접시에 세련된 플레이팅으로 담아내면 전채로도 손색이 없으며, 작은 그릇에 담아 술안주로도 내기도 좋습니다. 쑥갓의 향이 더해져 참치의 비린내를 느끼기 어렵고 먹기도 편해 모두가 좋아하는 요리입니다.

재료

참치회 200g
다진 무 70g
쑥갓 40g
다진 쑥갓 8큰술
진간장 2큰술
맛술 2큰술
참깨 1작은술
소금 약간

01 무는 껍질을 벗겨 강판에 갈아 준비한다.

02 쑥갓은 살짝 데쳐 수분을 제거하여 다진 뒤 소금과 참깨를 넣고 1과 함께 버무린다.

03 참치는 센 불에 달군 프라이팬에 표면만 구워 색을 낸다.

04 참치가 식으면 한입 크기로 썰어 볼에서 진간장과 맛술을 넣고 무친다.

05 4의 참치를 2의 다진 쑥갓과 버무려 접시에 담아 완성한다.

 TIP

쑥갓 대신 차조기를 채 썰어 넣어도 맛있습니다. 쑥갓은 겨울에 향이 강한 채소로 일본에서는 전골 요리 등에 자주 사용됩니다.

고등어 유자 소스 구이

소요시간 45분 | **레시피 분량** 4인분 | **난이도** 중

유자의 상큼한 향과 간장의 고소함으로 등 푸른 생선의 비린내를 잡아낸 요리로, 평상시의 식탁에도, 손님맞이에도 훌륭한 요리입니다. 유자 소스 구이는 유안야 키라고 하여 일본의 구이 요리 중 하나인데, 다양한 재료를 간장, 맛술, 유자 등을 넣어 만든 유안지 간장에 재워서 구운 요리를 말합니다.

재료

고등어 1마리
식용유 약간

유자즙 20㎖
간장 75㎖   ⎤ A
맛술 50㎖   ⎦

01 고등어는 뼈와 가시를 제거하고 먹기 좋은 크기로 썬다. 껍질 쪽에 5mm간격으로 칼집을 넣어 준비한다.

02 A를 섞어 유자 소스를 만든다.

03 1을 유자 소스에 넣고 30분간 재운다.

04 생선구이용 그릴에 식용유를 두르고 소스에 재운 고등어 껍질이 위로 가도록 생선을 올려 굽는다. 처음 2분은 중불로 굽다가 약불로 줄여 4~5분간 더 익혀 완성한다.

TIP

생선구이용 그릴은 양면으로 된 것을 사용하는 것이 좋습니다. 소스를 바른 생선은 타기 쉬우므로 중간중간 살펴 가면서 구워야 합니다.

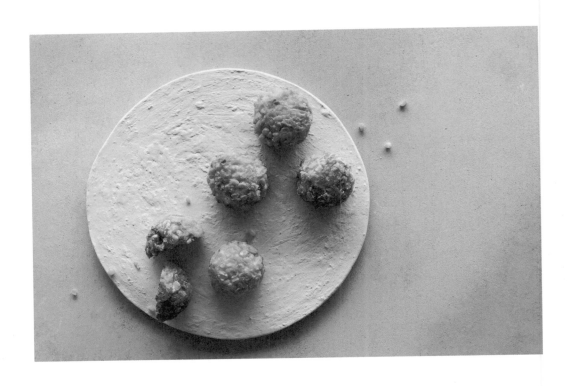

다진 새우 옥수수 튀김

소요시간 25분 | **레시피 분량** 6인분 | **난이도** 상

새우의 고소함에 옥수수의 자연스러운 단맛, 튀김옷의 바삭바삭한 식감이 어우러진 튀김 요리입니다. 초대받은 자리에서 대접받은 계절 요리였는데, 맛이 감명 깊어 집에서 연구해 저만의 스타일로 재현해 본 요리입니다. 튀김옷에 옥수수를 묻히지 않고 다진 새우만으로 요리해도 맛있습니다.

재료

깐 새우 200g
한펜 100g
옥수수 2개
달걀 1개
소금 1/4작은술
혼다시 가루 1/4작은술
녹말 적당량
기름 적당량

01 옥수수는 껍질을 벗기고 소금을 뿌린 뒤 랩에 싸서 전자레인지에서 충분히 익을 때까지 약 6분간 가열한다.

02 옥수수가 식으면 랩을 벗겨 옥수수 알갱이만 칼로 도려낸다.

03 깐 새우, 한펜, 소금, 혼다시 가루, 달걀을 믹서기에 넣고 갈아서 먹기 좋은 크기로 나눈다.

04 3의 표면에 2의 옥수수를 붙이며 둥글게 모양을 잡는다.

05 4의 표면에 녹말가루를 뿌리고 180도로 가열한 기름에 튀겨 완성한다.

TIP

한펜은 명태 등의 흰 살 생선을 갈아서 참마 등을 섞어 납작하게 반죽한 삶은 오뎅의 일종입니다.

닭가슴살 아라레 튀김

소요시간 10분 | **레시피 분량** 4인분 | **난이도** 중

바삭바삭한 튀김옷 아래 부드럽고 달콤한 닭가슴살이 대비를 이루는 튀김요리
입니다. 보기에도 화려하여 손님맞이나 축하파티, 혹은 도시락 반찬으로도 추천
합니다. 닭가슴살 외에 흰 살 생선을 사용해도 맛있는 튀김이 됩니다.

재료

닭가슴살 3개
달걀 1개
소금 적당량
박력분 적당량
부부아라레 적당량

01 닭가슴살은 힘줄을 제거하고 한입 크기로 썰어 준
비한다.

02 손질한 닭가슴살은 소금으로 짭짤하게 밑간을 한다.

03 2에 박력분, 달걀, 부부아라레 순으로 튀김옷을 입
힌다.

04 3을 180도로 가열한 기름에서 3분간 튀겨 완성한다.

TIP

부부아라레는 오차즈케 등에 사용되는 작은 화과자로, 온라인으로 구할 수 있습니다.

영귤 소바

소요시간 15분 | **레시피 분량** 2인분 | **난이도** 하

영귤의 상쾌한 향이 더해진 소바입니다. 영귤은 단맛보다는 새콤한 맛을 내는 감귤류로 과일 청, 식초, 칵테일, 에이드, 생선구이, 스테이크 등에 라임, 레몬 대신 활용할 수 있습니다. 카보스 등 유자와 비슷한 귤과가 소바와 잘 어울립니다. 따뜻하게 먹어도, 차갑게 먹어도 맛있습니다.

재료

간장 50㎖
맛술 50㎖
술 30㎖
가쓰오부시 10g
물 600㎖
생소바 240g
영귤 3개

01 쓰유를 만든다. 중불에서 물을 끓여 가쓰오부시를 넣고 약불로 줄여 2분간 달인다.

02 가쓰오부시를 걸러 국물만 따로 분리한 뒤 간장, 맛술, 술을 넣고 중불에서 끓여 완성한다.

03 영귤은 둥글고 얇게 썰어 준비한다.

04 소바는 삶아서 찬물에 헹궈 준비한다.

05 그릇에 소바를 넣고 2의 쓰유를 부은 뒤 영귤 슬라이스를 올려 완성한다.

TIP

영귤은 귤과로 일본의 도쿠시마현이 주산지입니다. 일본어로는 스다치라고 하며, 영귤을 대신해서 유자 또는 라임, 레몬을 사용해 만들어도 좋습니다.

도미밥

소요시간 40분 | **레시피 분량** 2인분 | **난이도** 중

도미의 감칠맛과 간장 솥밥의 짠맛 그리고 반디나물의 향이 풍부하게 어우러지는 밥입니다. 간장 솥밥을 지은 후 뜸 들일 때 도미를 올리는 것이 포인트입니다. 취향에 따라 조개 등의 다른 해산물도 미리 양념하여 조리한 후에 올리면 맛있는 밥이 됩니다. 도미는 생선회용으로 손질된 것을 구입하면 간편합니다. 중요한 날, 혹은 축하 자리에 만들어보세요.

재료

쌀 360㎖
물 600㎖
가쓰오부시 10g
다시마 8g
우스쿠치 간장 1큰술
진간장 1큰술
청주 2큰술
도미회 1덩어리
반디나물 적당량
참깨 적당량

01 도미밥 육수를 만든다. 냄비에 표면을 닦아낸 다시마를 넣고 약불에 올린다.

02 물이 끓기 직전에 다시마를 꺼내고 가쓰오부시를 넣은 뒤 불을 끈다.

03 가쓰오부시가 자연히 냄비 바닥으로 가라앉을 때까지 기다렸다가 육수만 걸러낸다.

04 쌀을 씻어 평소 밥을 할 때처럼 3의 육수 양을 맞추고 우스쿠치 간장과 진간장, 청주를 넣고 밥을 짓는다.

05 밥 짓는 동안 도미의 양면에 소금을 뿌리고 키친타월로 물기를 제거한다.

06 간을 한 도미는 참기름을 두른 프라이팬에서 양면을 노릇하게 굽는다.

07 밥이 다 되면 6의 도미살을 적당한 크기로 뜯어서 밥 위에 얹고 뜸을 들인다.

08 잘게 썬 반디나물과 참깨를 뿌려 완성한다.

TIP

우스쿠치 간장이란 일본의 재래식 간장의 한 종류로, 콩 본연의 맛을 살리기 위해 색과 향을 절제한 간장을 말합니다. 마지막에 올리는 재료로 반디나물이 없다면 참나물을 사용해도 됩니다.

오시바라 초밥

소요시간 45분 | **레시피 분량** 4인분 | **난이도** 상

박고지와 말린 표고버섯을 섞어 넣은 초밥이 감칠맛을 내고, 다채로운 재료를 얹어 보기에도 아름다운 요리입니다. 일본에서는 축하할 일이 있을 때 바라(장미) 초밥을 만드는데, 형형색색의 다양한 재료와 함께 큰 접시에 담겨 테이블 중앙에 놓인 초밥은 보기에도 화려합니다. 토핑은 취향에 따라 다양하게 올릴 수 있습니다.

재료

쌀 360㎖
말린 표고버섯 6g
박고지 6g
청주 1큰술
멸치 치어 2큰술
참깨 1큰술
달걀 2개
베이비 리프 적당량
적양배추 적당량
연어알 적당량
래디시 적당량

초밥 식초 2큰술 ┐
설탕 2큰술 │ A
소금 1작은술 │
우스쿠치 간장 1작은술 ┘

01 표고버섯과 박고지는 각각 새끼손톱 정도 크기로 잘게 자른다. 달걀은 지단으로 부쳐 사방 1cm 정사각형 크기로 잘라 준비한다.

02 쌀을 씻어서 물에 불리지 않은 말린 표고버섯과 박고지를 위에 얹고, 물과 청주를 더해 밥을 한다.

03 A를 섞어 초밥 식초를 만든다.

04 적양배추는 사방 1cm 정사각형 크기로 잘라 뜨거운 물에 살짝 데친다. 체에 밭쳐서 수분을 완전히 뺀 후 뜨거울 때 초밥 식초에 버무린다.

05 다 된 밥을 초밥통에 펴서 뜨거울 때 초밥 식초를 넣고 잘 섞어준다.

06 5에 멸치 치어, 참깨를 넣고 가볍게 섞어준다.

07 틀에 6을 채워서 모양을 찍어내고 그릇에 담아 지단, 베이비 리프, 초절임 적양배추, 연어알, 얇게 썬 래디시 등을 장식해 완성한다.

TIP
박고지는 박의 속 부분을 얇고 가늘고 길게 잘라 끈처럼 만들어서 말린 식품으로 자연의 맛을 느낄 수 있습니다. 우스쿠치 간장이란 일본의 재래식 간장의 한 종류로, 콩 본연의 맛을 살리기 위해 색과 향을 절제한 간장을 말합니다.

뿌리채소 키마 카레

소요시간 40분 | **레시피 분량** 4인분 | **난이도** 중

살짝 매콤한 맛이 나는 영양 가득한 카레 요리입니다. 여름의 더위 때문에 기운이 없을 때 만들어 먹기 좋은 카레로, 영양가가 만점이라 활력이 솟구칩니다. 한여름의 점심 메뉴로 추천합니다. 좋아하는 재료를 마음껏 넣어 만들 수 있습니다.

재료

다진 소고기 200g
레드 키드니 빈 100g
양파 1개
당근 1/2개
감자 1개
연근 5cm
단호박 40g
토마토 1개
카레가루 1큰술
된장 1큰술
콩소메 1개
물 250㎖
식용유 1작은술
밥 적당량

01 단호박은 먹기 좋은 크기로 얇게 썰고, 연근은 장식용으로 사용할 분량만큼만 얇게 썰어 준비한다.

02 양파는 껍질을 벗겨 다지고, 1을 제외한 연근은 작게 깍둑썰기한다. 당근, 감자는 껍질을 벗겨 작게 깍둑썰기하고, 토마토는 꼭지를 따고 큼직하게 썰어 준비한다.

03 냄비에 기름을 두르고 중불에서 양파, 당근, 연근, 감자, 토마토 순으로 볶다가 다진 소고기를 넣고 볶는다.

04 소고기가 익으면 레드 키드니 빈을 넣고 카레가루, 된장, 콩소메, 물을 넣고 약불에서 30분간 끓인다.

05 얇게 썬 연근, 단호박은 다른 냄비에서 튀겨 준비한다.

06 접시에 밥과 4의 카레를 담고 5의 채소를 얹어 완성한다.

TIP
카레가 맵다면 꿀을 섞어서 단맛을 조절합니다.

다고 장국

소요시간 40분 | **레시피 분량** 6인분 | **난이도** 상

어린 시절을 보낸 구마모토현의 향토 요리로 쫀득쫀득한 수제비의 식감이 재미 있는 요리입니다. 된장을 풀지 않고 맑은 장국으로 만들어도 맛있습니다. 장국에 는 좋아하는 재료를 넣어도 좋지만 우엉과 토란, 무, 표고버섯은 꼭 넣어야 맛이 제대로 우러나옵니다.

재료

다시 900㎖
박력분 120g
미지근한 물 65㎖
청주 2큰술
맛술 2큰술
식용유 적당량
소금 적당량
된장 적당량
우스쿠치 간장 적당량

닭다리살 150g
토란 4개
당근 1/2개
우엉 1/3개 ⎫ A
연근 1/2개
무 4cm
표고버섯 4개
단호박, 실파 적당량

01 그릇에 박력분을 넣고 미지근한 물을 조금씩 부 어가면서 매끈해질 때까지 반죽한다. 랩으로 감싸 30분간 숙성시킨다.

02 A의 재료들을 먹기 좋은 크기로 썰어 준비한다. 실파는 토핑용으로 잘게 자른다.

03 팬에 식용유를 두르고 닭고기, 당근, 무, 우엉, 토 란, 버섯 순으로 넣어가며 볶는다.

04 3에 다시와 청주, 맛술을 넣고 한소끔 끓어오르면 거품을 제거하고 15분 정도 더 끓인다.

05 4에 단호박을 넣고 1의 반죽을 손으로 뜯어 납작 하게 펴서 넣는다. 된장을 풀고 필요에 따라 우스 쿠치 간장으로 간을 맞춘다.

06 그릇에 담아 실파를 올려 완성한다.

TIP
우스쿠치 간장이란 일본의 재래식 간장의 한 종류로, 콩 본연의 맛을 살리기 위해 색과 향을 절제한 간장을 말합니다.

찹쌀 보리 버섯 리조토

소요시간 20분 | **레시피 분량** 2인분 | **난이도** 상

건강에 좋은 찹쌀 보리의 독특한 식감과 감칠맛을 마음껏 즐길 수 있는 리조토입니다. 찹쌀 보리는 맥주의 재료나 보리차, 보리밥 등으로 사용되는 보리의 일종입니다. 멥쌀보다 끈기가 있고 쫀득쫀득한 식감과 좋은 향이 특징입니다. 다이어트 메뉴로도 좋은 요리로 만드는 법도 간단합니다. 찹쌀 보리가 없다면 멥쌀로 리조토를 만들어도 맛있습니다.

재료

찹쌀 보리 80g
버섯 150g
양파 40g
베이컨 15g
콩소메 수프 40㎖
아몬드 우유 30㎖
파르메산 치즈 10g
올리브 오일 적당량
다진 파슬리 적당량
소금 약간

01 찹쌀 보리는 15분간 삶아 체에 밭쳐 물기를 뺀다.
02 양파와 베이컨은 잘게 썰고 버섯은 먹기 좋은 크기로 썰어 준비한다.
03 프라이팬에 올리브 오일을 두르고 중불에서 버섯을 볶는다.
04 다른 프라이팬에 올리브 오일을 두르고 중불에서 잘게 썬 양파와 베이컨을 볶는다. 어느 정도 볶아지면 3의 버섯을 넣고 한 번 더 볶다가 1의 찹쌀 보리를 넣는다.
05 4에 콩소메 수프와 아몬드 우유를 넣고 중불에서 끓인다. 파르메산 치즈를 넣고 소금으로 간한다.
06 접시에 담고 파슬리를 얹어 완성한다.

TIP
아몬드 우유 대신 두유나 우유도 사용할 수 있습니다.

흑미 미니 프렌치 로코모코

소요시간 40분 | **레시피 분량** 4인분 | **난이도** 상

탄력 있는 흑미와 소고기 햄버거의 씹는 맛, 그리고 감칠맛이 가득한 프랑스풍
에스파뇰 소스가 어우러진 로코모코입니다. 코스 요리의 한 가지로 낼 수 있도
록 적은 분량으로 만들어보았습니다. 소고기 대신 돼지고기를 사용할 수도 있지
만 맛은 약간 다릅니다. 흑미는 백미밥에 약간만 섞어서 짓기만 해도 쫀득쫀득
한 보라색 밥이 됩니다.

재료

다진 소고기 300g
빵가루 3큰술
우유 2큰술
달걀 1개
메추리알 4개
소금 1/4작은술
쌀 270㎖
흑미 1.5작은술
파슬리 적당량
하와이안 바다 소금 약간

당근 1/2개
양파 1/2개
셀러리 1/2개
버터 10g   A
박력분 2큰술
콩소메 수프 300㎖
레드 와인 100㎖
소금, 후추 약간

01 백미에 흑미를 섞어서 밥을 한다.
02 A의 재료로 에스파뇰 소스를 만든다. 프라이팬에
   버터를 녹이고 채소를 볶다가 갈색이 나면 박력분
   을 더해 볶는다.
03 2에 콩소메 수프와 레드 와인을 붓고 알코올을 날
   려 걸쭉하게 완성한다.
04 패티를 만든다. 그릇에 다진 소고기, 소금, 우유에
   적신 빵가루, 달걀을 넣고 차질 때까지 반죽하여
   모양을 잡는다.
05 달군 팬에 양면이 노릇해지도록 패티를 굽는다.
06 메추리알은 프라이하여 준비한다.
07 접시에 1의 밥을 담고 5의 패티를 얹은 뒤 3의 소
   스를 뿌리고 6의 메추리알 프라이를 얹는다. 하와
   이안 바다 소금과 파슬리를 얹어 완성한다.

TIP
하와이안 바다 소금이 없다면 일반 소금을 사용해도 됩니다.

버섯 안초비 크림 소스 푸실리

소요시간 25분 | **레시피 분량** 1인분 | **난이도** 중

버섯의 맛을 즐길 수 있는 크림 소스 파스타입니다. 앤초비 페이스트는 사워크림과 함께 바게트에 얹어 먹어도 맛있습니다. 버섯은 취향에 따라 좋아하는 종류를 섞어 사용하면 됩니다.

재료

버섯 350g
푸실리 100g
생크림 50㎖
우유 50㎖
마늘 2쪽
앤초비 45g
올리브 오일 3큰술
파르메산 치즈 2큰술
소금 1+1/3작은술
다진 파슬리 적당량

01 버섯은 물에 씻지 않고 천 등으로 가볍게 닦아서 적당한 크기로 썰어 준비한다.

02 버섯을 믹서기에 넣고 곱게 갈다가 깐 마늘과 앤초비를 섞는다.

03 프라이팬에 올리브 오일을 두르고 2와 소금 1/3작은술을 넣고 중불에서 5분간 볶아 버섯 페이스트를 만든다.

04 물에 소금 1작은술을 넣고 푸실리를 삶는다.

05 프라이팬에 3의 버섯 페이스트 4큰술, 생크림, 우유, 소금을 넣고 중불에서 골고루 섞어준다.

06 5의 소스에 삶은 푸실리와 파르메산 치즈, 파슬리를 넣고 잘 섞어 완성한다.

TIP
버섯은 새송이버섯, 만가닥버섯, 표고버섯 등을 섞어 사용하면 맛있습니다. 크림 소스는 넉넉한 분량이므로 남는 소스는 병에 담아 냉장고에서 1주일 정도 보관할 수 있습니다.

참깨 소스를 얹은 무화과

소요시간 10분 | **레시피 분량** 2인분 | **난이도** 하

무화과와 절묘하게 어우러지는 짭조름한 참깨 소스입니다. 손님을 맞이할 때 글라스에 담아내면 좋습니다. 간단하게 만들 수 있는 요리로, 무화가를 디저트가 아닌 요리로 즐기고 싶어 직접 고안한 요리입니다. 곁들이는 참깨 소스는 무화과 뿐만 아니라 멜론 등 단맛이 강한 과일과도 잘 어울립니다.

재료
무화과 2개
깨소금 2큰술
청주 2큰술
진간장 1큰술
설탕 1작은술
물 적당량

01 프라이팬에서 청주를 가열하여 알코올을 날린다.
02 무화과 이외의 재료를 모두 섞고 믹서로 부드럽게 갈아준다. 취향에 맞게 물로 농도를 조절한다.
03 무화과 껍질을 벗겨서 먹기 좋은 크기로 썰어 준비한다.
04 무화과를 그릇에 담아 2의 참깨 소스를 뿌려 완성한다.

녹차 팥 케이크

소요시간 55분 | **레시피 분량** 25cm 파운드 케이크 한 개 | **난이도** 상

부드러운 단맛을 내는 고급 케이크로, 예상치 못한 손님맞이나 선물용으로도 안성맞춤입니다. 녹차 가루가 없으면 녹차 가루를 빼고 팥 대신 초콜릿 칩을 사용해도 맛있습니다. 이 레시피에는 삶은 팥 통조림을 사용했는데 통조림으로도 훌륭한 케이크가 완성됩니다.

재료

박력분 125g
무염 버터 125g
달걀 2.5개
설탕 100g
삶은 팥 90g
베이킹파우더 3/4 작은술
녹차 가루 7g

01 실온에 두어 포마드 상태로 만든 무염 버터에 설탕을 넣고 거품기로 부드러워질 때까지 섞는다.

02 버터가 부드러워지면 달걀을 넣고 계속 섞는다.

03 박력분, 녹차 가루, 베이킹파우더를 체에 걸러 고무 주걱으로 잘 섞는다. 어느 정도 섞이면 팥을 넣고 가볍게 섞어준다.

04 파운드 케이크 틀에 쿠킹 시트를 깔고 3을 넣은 후 표면을 평평하게 만든다.

05 180도로 예열한 오븐에서 40분간 구워 완성한다.

Welcome
ASKAR

녹차 화이트 초콜릿 미니 쿠글로프

소요시간 45분 | **레시피 분량** 13개 | **난이도** 상

고급스러운 단맛과 쓴맛이 어우러진 미니 케이크에 화이트 초콜릿을 올린 디저트로, 특히 크리스마스 시즌에 잘 어울립니다. 녹차 가루 대신 코코아 파우더를 넣어도 깊은 단맛이 나며, 화이트 초콜릿은 제과용을 사용하면 쉽게 만들 수 있습니다.

재료

- 박력분 80g
- 강력분 60g
- 달걀 4개
- 무염 버터 80g
- 우유 60㎖
- 설탕 150g
- 녹차 가루 15g
- 화이트 초콜릿 적당량
- 드라이 라즈베리 적당량

01 우유에 무염 버터를 넣고 전자레인지에서 1분간 가열한다.

02 박력분, 강력분, 녹차 가루는 함께 섞어 체에 쳐서 준비한다.

03 달걀은 흰자만 분리하여 거품을 낸다. 어느 정도 거품이 나면 설탕을 2~3회에 나누어 넣으면서 단단한 머랭을 만든다.

04 3에 노른자를 하나씩 넣으면서 잘 섞어준다.

05 4에 2의 체 친 가루를 2회에 나누어 넣으면서 고무 주걱으로 자르듯 섞어준다. 이때 머랭의 거품이 꺼지지 않도록 주의한다.

06 가루가 약간 남아 있을 정도까지 섞은 뒤 1을 넣고 섞는다.

07 쿠글로프 틀에 6의 반죽을 넣고 바닥에 틀을 내리쳐 공기를 빼준다.

08 180도로 예열한 오븐에서 30분간 굽는다.

09 8에 중탕한 화이트 초콜릿을 얹고 취향에 따라 드라이 라즈베리 등을 얹어 완성한다.

Chapter 05

미쓰하시 아야코

'바르게 먹는 것이 곧 잘사는 법'이라는 철학과 신념을 바탕으로 전통 요리의 근간을 지켜가며 끊임없이 새로운 레시피를 만드는 요리 연구가. 어릴 때 섭식장애를 겪은 경험을 녹여내 아이들에게 '식(食)의 마음'을 가르치는 강의를 진행하고 있다. 또한 다양한 레시피 서적을 출간한 작가로서 요리는 곧 그녀의 육아이자 삶이다.

에세이스트, 네 아이의 어머니인 동시에 요리 연구가.
인스타그램에 '부엌 육아'라는 주제를 가지고 '삶과 사랑에'라는 에세이를 매일 집필
하는 작가이기도 하다. 요리 솜씨만큼 글재주도 뛰어나 수많은 팔로워와 팬들을 확
보하고 있다.

바르게 먹는 것이 곧 잘사는 법

어린아이 및 주부를 대상으로 식탁육아강좌를 진행하며 음식 교습, 식생활 교육 활동, 에세이 집필 등 다양한 프로젝트를 도맡고 있다.

어린 시절부터 음식과 먹는 것의 즐거움에 관심이 많았다. 그러나 대학 시절에는 경제학을 공부하고도 구강 건강과 관련된 치과에 취직하는 등 요리 연구가가 되기까지 비교적 많은 시간을 돌아왔다. 가장 큰 이유는 중학교 때부터 앓았던 섭식장애였다. 성장하면서 30kg~60kg의 몸무게를 오르내리며 스트레스와 우울증에 시달리다가 가장 큰 원인이 군것질이라는 것을 깨달은 뒤 천천히 회복되기 시작했다. '바르게 먹는 것이 곧 잘사는 법'이라는 미쓰하시 아야코의 신념은 당시 경험을 바탕으로 한 것이라고 한다.

중학교 때부터 먹는 것이 가장 큰 고통이었으므로, 그 고통을 행복으로 바꿀 수 있는 방법을 오랫동안 고민하다가 식당을 운영하는 할머니께 요리를 배웠다. 전문적인 기관에서 배운 적은 없으나 타고난 재능과 노력으로 실력을 향상시켰다. 현재는 주먹밥 케이터링 사업을 운영하며 잡지와 라디오, 현의 홍보모델 등 요리 분야에서 엔터테이너로서 왕성한 활동을 이어가고 있다.《매일 먹고싶다! 내가 좋아하는 그래놀라》외 다양한 레시피 서적을 출간한 요리 연구가 겸 작가이기도 하다.

전통 요리의 근간을 지키다

미쓰하시 아야코는 주방에 서면 행복을 느낀다. 그녀는 사람이 나고 자란 땅의 재료, 그 민족이 먹어 온 것이 좋은 음식이라고 역설한다. 모든 재료에는 생명과 의사가 있으며, 일본요리의 매력은 이를 존중하여 최소한의 손길로 마음을 담아 요리하는 것이라고 생각한다. 그래서 미쓰하시 아야코의 요리는 흙의 더운 향기가 난다. 근간을 지키지만 보수적이지 않고, 변화에 열려 있지만 지나치게 가볍지 않은, 일본 고유의 요리법을 선보인

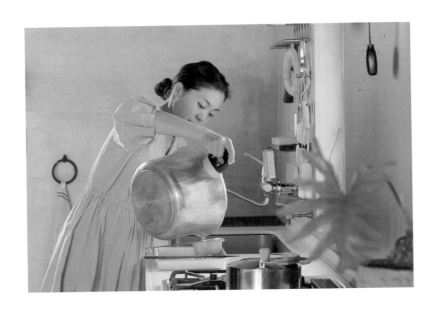

다. 종류나 사용하는 재료는 다르지만 그 정신의 근본은 우리 음식과도 비슷하다.

요리는 곧 그녀의 육아이자 삶이자 하루하루를 살아가는 철학의 표현이다. 그녀가 진행하는 프로그램인 일식 교육 '일식을 배우는 마음'에서 미쓰하시 아야코는 아이들에게 건강한 농산물로 만드는 일본 가정식을 가르친다. 이 과정에서 아이들은 먹는 것의 즐거움을 배우며, 나아가 어떤 음식이 건강한 음식이며 내 몸을 튼튼하게 만드는지를 배운다. 유년 시절 섭식장애를 앓았던 만큼 그녀에게 이 클래스는 더욱 의미가 있다. 아이들은 낫토, 된장, 푸른 콩과 채소, 신선한 생선 등 패스트푸드 가게에서는 먹을 수없는 재료 본연의 맛에 눈을 뜬다. 그녀가 운영하는 주먹밥 케이터링 사업도 마찬가지다. 케이터링이라고 하면 외관만 예쁘게 담아낸다고 생각할수 있지만, 미쓰하시 아야코는 단순한 주먹밥에 열정과 정성을 조미한다.

요리에 담긴 정성과 신념, 사랑은 하나다

미쓰하시 아야코는 요리 연구가라는 타이틀에 걸맞은 활동들을 이어간다. 새로운 레시피 서적을 출간하는 것은 연구가로서의 활동 일부에 불과하다. 그녀는 수제 된장을 만들거나 참치와 김, 낫토와 멸치 등을 넣은 주먹밥을 끊임없이 개발하고 연구하며 더 나은 맛, 더 건강한 요리를 향해 나아가고 있다. 실제로 그녀의 요리는 한국의 농산물로 만든 한국의 토종 음식들과도 비슷한 향취가 난다. 할머니의 장맛과 어머니의 손맛이 혀끝에서 감돌다가 사라진다. 물도 땅도 아예 다른 두 나라지만 그 안에 들어 있는 정성, 신념과 사랑은 동서고금을 막론하고 같아서가 아닐까.

감주

소요시간 10분 | **레시피 분량** 800㎖ | **난이도** 하

여름철에는 면역력이 떨어지거나 장, 피부도 손상되기 쉽습니다. 그럴 때는 누룩 발효의 힘을 빌려 컨디션 관리에 활용해보세요. 재료도 간단하므로 쉽게 만들 수 있습니다. 음식에 설탕 대신 사용해도 좋고, 식감이 걸쭉하여 드레싱이나 불고기 양념에 활용하기에도 좋습니다.

재료

쌀누룩 200g
밥 200g
따뜻한 물 400g

01 쌀누룩을 잘 풀어 준비한다.

02 물을 60도에 맞추고 모든 재료를 밥솥에 넣는다.

03 2를 주걱으로 잘 섞어 준 다음 밥솥을 보온으로 설정하고 표면이 마르지 않도록 깨끗한 금속 숟가락으로 섞어주면서 11시간 동안 보온한다. 그 사이 뚜껑은 닫지 않고 물에 적신 천을 덮어준다.

04 3을 핸드 블렌더나 믹서기로 갈아 깨끗한 병에 담아 완성한다.

TIP

완성된 감주는 냉장고에서 1주일간 보관할 수 있습니다. 음료수로 마실 경우 물이나 주스 등에 타서 희석해 마시면 좋습니다.

감식초

소요시간 15분 | **레시피 분량** 300㎖ | **난이도** 하

딱딱한 감이 부드럽게 익으면 그 감으로 식초를 만들 수 있습니다. 병 안에서 식초가 부글부글 발효되는 모습을 보면서 자연에 대한 감사의 마음도 느낄 수 있지요. 맛도 깔끔할 뿐만 아니라 건강에도 좋아 활용도가 높습니다.

재료
홍시 6개

01 1ℓ 용량의 병과 뚜껑을 씻어서 뜨거운 물을 부어 소독한 후, 햇볕에 잘 말려 준비한다.

02 감의 과육이 떨어지지 않도록 주의하면서 부드럽게 꼭지를 뗀다.

03 감을 손으로 으깨면서 병에 넣고 나무 주걱이나 손으로 부드럽게 저어준다.

04 거즈를 두 겹으로 겹쳐 병 입구를 덮고 노끈을 사용해 단단히 묶는다.

05 2~3일 간격으로 잘 저어준다. 보글보글 거품이 생기고 층이 분리되어 반투명한 액체가 침전하는데, 표면에 하얀 막이 생기면 발효가 잘되어가고 있는 것이다.

06 한 달 정도 발효시키면 식초의 향이 난다. 거품이 생기지 않거나 발효되지 않으면 내용물을 굵은 체에 거르고 거즈를 이용해 한 번 더 천천히 걸러 완성한다.

TIP
깨끗한 도구와 소독된 용기를 사용하고 벌레가 생기지 않도록 유의해야 합니다. 빨간색, 검정색, 혹은 푸른 곰팡이가 보이면 즉시 폐기해야 합니다.

영귤 된장

소요시간 35분 | **레시피 분량** 30㎖ | **난이도** 중

과일을 넣어 만드는 된장으로는 유자 된장이 유명하지만 영귤을 넣어 만드는 영
귤 된장도 맛있습니다. 손이 많이 가는 작업이지만 아이와 함께 만들어보는 것
도 좋습니다. 특히 영귤을 짤 때는 아이의 작은 손도 도움이 됩니다. 오감을 자극
하는 미각이 가득! 같이 맛을 보면서 아이와 함께 만들어보는 즐거움을 느껴보
세요. 주먹밥에 곁들여 먹으면 좋습니다.

재료

영귤 15개
된장 100g
설탕 4큰술
맛술 2큰술

01 영귤을 반으로 잘라 과즙을 짜낸다.
02 냄비에 망을 놓고 짜낸 영귤 과즙을 걸러 씨를 빼
    낸다.
03 영귤 껍질을 강판에 갈아서 2의 과즙과 섞는다.
04 냄비에 설탕, 된장 순으로 넣고 잘 섞는다.
05 약불에서 5분 정도 끓인 뒤 맛술을 넣고 5분 정도
    졸여 완성한다.

TIP
영귤은 굴과로 일본의 도쿠시마현이 주산지입니다. 일본어로는 스다치라고 하며, 영귤을 대신해서
유자 또는 라임, 레몬을 사용해 만들어도 좋습니다.

쓰유

소요시간 15분 | **레시피 분량** 1200㎖ | **난이도** 하

여름 대표 메뉴인 국수를 말아 먹으려고 하는데 갑자기 쓰유가 떨어졌다면? 쓰유가 없다고 포기하지 마세요. 면을 삶고 물을 끓이는 동안 만들 수 있는 레시피를 소개합니다. 재료를 모두 넣고 천천히 끓인 뒤 얼음물에 담가 빠르게 식히는 간단한 레시피입니다. 맛의 키 포인트인 쓰유, 오늘은 꼭 직접 만들어보세요.

재료

간장 200㎖
맛술 200㎖
다시마 5cm
가쓰오부시 10g
물 800㎖

01 재료를 모두 냄비에 넣고 약한 불로 끓이다가 끓어오르면 끓으면 불을 끈다.

02 볼에 체를 받치고 거즈를 깐 뒤 1을 부어 거른다.

03 큰 볼에 얼음과 물을 넣고 2의 볼을 겹쳐놓고 식혀 완성한다.

TIP
완성된 쓰유는 제대로 식혀 깨끗한 용기에 담으면 냉장고에서 1주일까지 보관할 수 있습니다. 기호에 따라 간 무, 고추냉이, 쪽파, 김가루, 설탕 등을 곁들여 드세요.

레몬 커드

소요시간 20분 | **레시피 분량** 400㎖ | **난이도** 하

재료를 전부 섞어서 끓이기만 하면 새콤달콤 상큼한 레몬의 향기가 입안 가득 퍼지는 크림을 만들 수 있습니다. 차를 마실 때 스콘에 얹어서 곁들여 보세요. 마치 영국에 온 것 같은 티타임을 즐길 수 있습니다.

재료

레몬 4개

달걀 4개
설탕 200g ⎤
버터 50g ⎦ A

01 레몬은 반으로 잘라 과즙을 짠다. 생레몬을 구하기 어렵다면 시판 레몬 과즙을 사용해도 된다.

02 블렌더 용기에 A를 넣고 1을 체로 걸러 넣는다.

03 블렌더로 20초 정도 흰자가 잘 풀어지도록 갈아준다.

04 약불에 달군 프라이팬에 3을 옮겨 계속 저으면서 10분 정도 가열한다. 바닥이 보이도록 주걱으로 선을 그어 젓는다.

05 프라이팬의 바닥이 손상되지 않도록 블렌더로 한 번 더 갈아서 과육이 없어지면 완성이다.

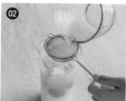

TIP

가열할 때 흰자만 먼저 굳어지면 마무리가 고르지 않아 실패하므로 주의합니다. 블렌더가 없다면 노른자만 사용합니다. 마지막에 병에 옮길 때 체로 한 번 거르면 더욱 매끄러운 식감을 즐길 수 있으며, 완성된 레몬 커드는 냉장고에서 10일, 냉동고에서 1개월 정도 보관할 수 있습니다.

닭가슴살 춘권

소요시간 40분 | **레시피 분량** 4인분(8개) | **난이도** 상

바삭바삭한 껍질 사이에 숨겨진 윤기 도는 가지의 식감이 부드러운 춘권입니다.
안에 넣은 우메보시와 차조기가 닭가슴살, 가지와 잘 어울립니다. 간장을 찍지
않아도 우메보시의 짭짤함이 밸런스를 잡아줍니다. 도시락 반찬으로도 잘 어울
리며 따뜻한 국수 위에 올려 먹어도 맛있습니다.

재료

가지 1개
닭가슴살 400g
차조기 8장
춘권피 8장

우메보시 1~2개 ⎤
맛술 1작은술 ⎦ A

01 씻은 가지를 세로로 8등분해서 물에 담가 둔다.
02 닭가슴살은 세로로 4등분한다.
03 우메보시는 씨를 빼고 다져서 맛술과 버무린다.
04 춘권피에 차조기, 닭가슴살, 우메보시, 가지를 나
란히 올리고 말아서 물에 푼 밀가루로 마감한다.
05 160도로 가열한 기름에서 5분간 튀긴 후 기름을
빼고 접시에 담아 완성한다.

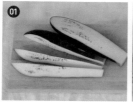 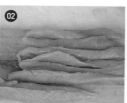 

TIP

우메보시가 없다면 닭가슴살에 소금간을 약간 해주는 것이 좋습니다.

시금치 된장 무침

소요시간 10분 | **레시피 분량** 4인분 | **난이도** 하

시금치는 깨소금 또는 두부와 함께 무쳐서 많이 먹습니다. 오늘은 된장을 사용해서 무쳐보면 어떨까요? 시금치를 얇게 잘라서 무치면 죽에 넣기도 좋고 두부 토핑으로도 잘 어울립니다. 양념이 진하기 때문에 술안주로도 좋고 도시락 반찬으로도 좋습니다.

재료

시금치 1단

된장 2큰술
참기름 1큰술
간 참깨 1큰술
감주 2큰술 ⎤
간장 1큰술 ⎥ A
맛술 1큰술 ⎥
땅콩 분말 1큰술 ⎦

01 시금치를 흐르는 물에 깨끗하게 씻어 준비한다.
02 큰 냄비에 물을 끓여 먼저 뿌리 부분부터 30초간 담가 데치다가 잎 부분까지 마저 넣어 30초 정도 데친다.
03 시금치를 건져 만질 수 있을 정도로 식으면 가볍게 물기를 짜 김밥말이에 올린다.
04 3의 시금치에 간장을 몇 방울 바르고 양념이 배도록 잠시 둔다.
05 김밥말이를 말아 뿌리에서 잎 방향으로 수분을 짜낸다.
06 수분을 짜낸 시금치를 2cm 길이로 자른다.
07 A를 섞어 6과 버무려 완성한다.

TIP

*감주 만드는 법은 202p 참조.

돼지고기 간장 조림

소요시간 60분 | **레시피 분량** 8인분 | **난이도** 상

벚꽃이 흩날리는 계절이지만 쌀쌀한 공기에 빗소리를 들으며 일어나는 아침, 우리 집에서는 돼지고기 조림을 국수와 함께 먹는 것이 계절 행사입니다. 달짝지근하고 진한 국물이 밴 토란도 고기 못지않게 맛있답니다. 입맛에 따라 국수에 얹어 먹거나 데친 채소와 함께 밥에 얹어서 먹어도 좋습니다.

재료

삼겹살 1.5kg
토란 600g
밀가루 적당량
기름 적당량

생강 1쪽
마늘 1쪽
파(푸른 부분) 2줄기   ⎫
청주 2컵   ⎬ A
맛술 40㎖
물 2컵

삶은 달걀 6개   ⎫
흑설탕 4큰술   ⎬ B
간장 2큰술

01 토란의 껍질을 긁어 벗긴다. 너무 큰 토란은 먹기 좋은 크기로 썰어 준비한다.

02 돼지고기에 밀가루를 바르고 달궈진 냄비에 기름을 둘러 고기의 모든 면을 노릇노릇하게 굽는다.

03 2의 냄비에 토란을 볶아 기름이 전체에 돌면 여분의 기름을 키친타월로 닦아주고 고기를 넣는다.

04 냄비에 A를 넣고 키친타월로 냄비 위를 막아 센불에 끓인다. 끓으면 중불로 줄여서 국물이 1/3로 졸아들면 불을 끄고 고기를 꺼내서 랩을 씌운 뒤, 고기, 국물 표면에 하얗게 지방이 굳어질 때까지 식힌다.

05 냄비 표면에 하얗게 굳어진 지방을 제거한다.

06 고기는 2cm 두께로 썰어 B와 함께 냄비에 넣고 국물을 건더기에 끼얹으면서 고기에 걸쭉하게 윤기가 흐르도록 졸여 완성한다.

TIP

토란은 진흙이 붙은 축축한 것을 고르고, 바로 요리하지 않을 때는 젖은 신문지에 싸서 실온에서 보관합니다. 토란의 껍질을 벗길 때는 알루미늄 포일을 주먹 크기로 말아 토란의 표면을 긁어내면 쉽습니다.

새우 칠리

소요시간 2시간 30분 | **레시피 분량** 4인분 | **난이도** 하

아이가 있으면 자극적인 음식을 피하게 됩니다. 새우 칠리도 잘못하면 자극적인 맛이 되기 쉽지만 누룩 소금을 넣으면 양념의 맛을 살리면서도 부드럽게 만들 수 있습니다. 은근한 감칠맛으로 어른들도 좋아하는 요리로, 국물에 밥까지 비벼 먹고 싶어지는 요리입니다.

재료

새우 20마리
누룩 소금 2큰술 ⎤ A

파 10cm
마늘 2쪽 ⎤ B
생강 1쪽

식초 1큰술
간장 1큰술
꿀 1작은술 ⎤ C
기름 1큰술
차조기 3장

01 A를 지퍼백에 넣고 공기를 뺀 뒤 입구를 묶어서 냉장고에서 2시간~하룻밤 정도 숙성시킨다.
02 B를 다져서 기름을 두른 프라이팬에 넣고 센 불로 볶는다.
03 향기가 나면 1을 국물까지 넣고 타지 않도록 재빨리 볶는다.
04 새우가 익기 시작하면 C를 넣고 1분 정도 볶는다.
05 불을 끄고 다진 차조기를 섞어 완성한다.

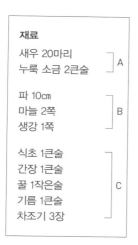

TIP

누룩 소금은 일본어로 '시오코지'라고 하는데, 일본의 전통 조미료 중 하나입니다. 누룩에 소금과 물을 섞어 발효와 숙성기간을 거친 천연 조미료로 일반 소금에 비해 염도가 낮고 감칠맛이 좋습니다. 누룩 소금은 온라인으로 구매할 수 있으며, 없다면 소금으로 대체해도 무방합니다.

멘마 달걀덮밥

소요시간 10분 | **레시피 분량** 4인분 | **난이도** 하

따뜻한 봄날, 죽순은 드셨나요? 제철의 죽순은 맛이 각별하지만, 삶으면 1년 내내 즐길 수 있습니다. 파, 마늘, 생강을 듬뿍 넣어 볶아낸 죽순 요리 '멘마'에 윤기 흐르는 달걀 노른자를 올린 최강 콤비 덮밥은 어떠세요? 멘마는 간단하게 만드는 밑반찬으로도 좋고, 통후추를 갈아서 맥주 안주로 그만입니다.

재료

삶은 죽순 1개(270g)

파(흰 부분) 10cm
생강 10g ⎫
마늘 2쪽 ⎬ A
참기름 1큰술 ⎭

맛술 4큰술
간장 4큰술 ⎫
청주 2큰술 ⎬ B
식초 1큰술 ⎭
달걀 노른자 4개

01 죽순을 5mm 두께로 썰어 준비한다.

02 A를 각각 다진다.

03 프라이팬에 참기름과 2를 넣고 약불로 가열하다가 향이 올라오면 죽순과 B를 넣고 중불에서 수분이 날아갈 때까지 볶는다.

04 그릇에 밥을 담고 3과 달걀 노른자를 얹는다. 통후추를 넉넉하게 갈아 올려 완성한다.

TIP

완성된 죽순볶음은 잘 식혀서 깨끗한 용기에 담으면 5일 정도 보관할 수 있습니다. 볶은 죽순에 고추기름을 약간 곁들이면 안주로도 제격입니다.

문어밥

소요시간 40분 | **레시피 분량** 5인분 | **난이도** 중

문어를 넣어 만드는 솥밥으로, 쌀 외에 필요한 재료는 두 가지뿐입니다. 하나는 문어, 또 하나는 간장입니다. 계량컵이나 저울도 필요 없고, 문어도 전부 넣고 요리하기 때문에 요리가 끝났을 때 남는 것 없이 깔끔합니다.

재료

문어 400g
쌀 540㎖
찹쌀 180㎖
간장 100㎖
식초 2큰술
물 760㎖

01 쌀과 찹쌀을 씻어 체에 밭쳐 20분간 둔다.
02 문어를 깨끗하게 닦아서 사방 1cm 정도 크기로 썰어 준비한다.
03 밥솥에 쌀을 넣고 간장과 물을 부은 뒤 문어를 넣고 밥을 안쳐 완성한다.

TIP

문어밥을 할 때는 일본의 재래식 간장인 야마로쿠 간장을 사용하는 것이 좋습니다. 우리나라에서도 온라인으로 구매가 가능합니다. 또한 가쓰오부시와 채 썬 양파, 우메보시, 쪽파 등을 곁들이면 더욱 좋습니다.

오징어밥

소요시간 30분 | **레시피 분량** 8인분 | **난이도** 상

어부에게 오징어밥은 간장으로만 만든다는 말을 들은 이후부터 오징어밥을 만들 때 조미료는 간장만 쓰고 있습니다. 가족이 많이 모일 때나 캠프에서 식사할 때 주로 만드는 메뉴로, 만드는 방법은 간단하지만 무척 맛있습니다. 오징어가 많이 들어가지 않아도 괜찮습니다. 발효간장의 맛이 더해져 놀랍도록 맛있어진답니다. 오징어밥으로 주먹밥이나 구운 주먹밥을 만들어도 좋습니다.

재료

오징어 300g
쌀 360㎖
찹쌀 360㎖
식초 2큰술

간장 100㎖ ⎤
물 760㎖ ⎦ A

01 쌀과 찹쌀을 함께 씻어서 체에 밭쳐 30분 정도 불린다.

02 먹기 좋게 손질한 오징어를 볼에 넣고 식초를 넣어 주무른 뒤 체에 밭쳐 물기를 뺀다.

03 1을 밥솥에 넣고 2의 오징어를 얹어 평평하게 한 다음 A를 붓는다.

04 평소대로 밥을 짓고 뜸을 들여 완성한다.

누에콩 새알 뇨키

소요시간 25분 | **레시피 분량** 2인분 | **난이도** 하

나카야 미와 작가의 그림책 캐릭터인 소라마메군의 형태를 그대로 살려 새알로 만든 요리입니다. 잘 반죽한 새알은 물에 삶아 오일과 레몬으로 버무리기만 해도 맛있습니다. 글루텐이 들어가지 않은 건강식 새알 뇨키가 식탁에 초여름의 향기와 행복을 가져다줍니다.

재료

찹쌀가루 50g
누에콩 50g
올리브 오일 20g
소금 적당량

01 누에콩은 콩깍지를 까서 5분 정도 삶아 껍질을 벗겨 준비한다.

02 1과 찹쌀가루를 그릇에 넣고 누에콩을 손으로 정성스럽게 으깨면서 잘 섞어준다.

03 2에 올리브 오일을 넣고 잘 반죽해서 덩어리로 만든 후 24등분 한다.

04 반죽 하나하나를 랩에 싸서 누에콩 모양으로 만든다.

05 바닷물 정도 농도로 맞춘 소금물을 냄비에 끓여 4를 넣고 삶는다.

06 위로 떠오르는 것부터 건져서 취향에 따라 올리브 오일과 레몬즙 등으로 버무려 완성한다.

TIP

누에콩을 구하기 어렵다면 완두콩으로 대체해도 무방합니다. 오일과 레몬즙 외에 크림 소스를 곁들여 먹어도 맛있습니다.

단호박 경단

소요시간 50분 | **레시피 분량** 4인분(약 30개) | **난이도** 중

은은한 향을 지닌 노란색 봄꽃 미모사를 닮은, 봄을 맞는 설레는 마음을 담은 간식입니다. 맛도 모양도 예쁜 떡으로, 감주를 사용하면 아주 부드러워 아이들 간식으로도 제격입니다. 오늘 아이들과 함께 봄을 빚어 보는 건 어떠신가요?

재료

단호박 130g
찹쌀가루 100g
감주 30㎖

01 단호박은 부드러워질 때까지 쪄서 속 부분과 껍질 부분으로 나눈 뒤 각각 볼에 넣고 잘 으깬다. 껍질 부분에 약간 속이 붙어 있어도 괜찮다.

02 으깬 단호박이 식으면 속 부분에는 찹쌀가루의 2/3을, 껍질 부분에 나머지 찹쌀가루를 넣고 손으로 잘 섞는다.

03 감주를 각각 1큰술씩 넣고 잘 섞는다.

04 속 부분 반죽과 껍질 부분 반죽에서 각각 1작은술 정도 크기로 반죽을 떼어 합쳐서 둥글게 모양을 잡는다.

05 냄비에 물을 끓여 4~5개씩 넣고 삶는다.

06 반죽이 떠오르면 1분 정도 더 삶은 뒤 건져서 얼음물로 식혀 완성한다.

TIP

1~3의 과정은 반죽을 봉지에 넣고 밀폐한 후 손으로 비비면 훨씬 수월합니다. 감주가 없다면 한국식혜의 밥알만 사용해서 조리해도 좋습니다. *감주 만드는 법은 202p 참조.

아보카도 샐러드

소요시간 15분 | **레시피 분량** 4인분 | **난이도** 하

일상에서 쉽게 구할 수 있는 재료인데도 마치 태국 요리 같은 느낌을 주는 샐러드입니다. 발효 식초에 감귤의 향이 더해져 상큼한 맛을 냅니다. 각종 채소를 넣고 유자 후추와 설탕을 섞어주면 끝. 일식에도 양식에도 잘 어울려 1년 내내 큰 도움이 되는 간단 샐러드입니다.

재료

삶은 문어 200g
아보카도 1개 ⎤ A
방울토마토 8개 ⎦

유자 후추 1/2작은술 ⎤
수수설탕 3큰술 ⎟ B
식초 4큰술 ⎦

차조기 3장
소금 적당량

01 A를 먹기 좋은 크기로 썬다.
02 B를 잘 섞어준다.
03 볼에서 A와 B, 잘게 썬 차조기, 소금을 섞어 그릇에 담아 완성한다.

TIP
유자 후추는 직구로 구입할 수 있습니다. 유자 후추가 없다면 소금을 약간 더 넣어 만들면 됩니다. 전통적인 제조법으로 만들어진 식초를 사용하면 더욱 특별한 맛을 즐길 수 있습니다.

닭고기 냉채

소요시간 4시간 30분 | **레시피 분량** 4인분 | **난이도** 상

더운 여름에 시원하게 먹기 좋은 닭고기 냉채입니다. 운동을 하는 가족에게서 단백질을 보충해야겠다는 주문을 받아 만들어진 우리 집 단골 레시피로, 소스와 함께 먹어도 좋지만 그대로도 맛있는 메뉴입니다.

재료

닭날개 15개
소금 3큰술
파(푸른 부분) 5cm
생강 1쪽
마늘 적당량
폰즈 적당량

01 고기는 깨끗이 닦아서 소금을 많이 뿌린다.
02 모든 재료를 압력솥에 넣고 30분간 가열한다. 압력이 내려가면 뚜껑을 열어 거품과 기름을 제거한다. 압력솥이 없다면 냄비에 넣고 국물이 처음의 1/3로 졸아들어 뽀얘질 때까지 2시간 정도 거품을 제거하면서 익힌다.
03 트레이에 고기만 꺼낸다.
04 남은 국물은 체에 거르면서 닭고기 위에 붓는다.
05 냉장고에 2시간 정도 식혀서 굳어진 국물은 포크로 긁어내서 그릇에 담는다. 취향에 따라 양념과 폰즈를 부어 완성한다.

TIP

취향에 따라 양하, 파, 차조기를 곁들여 먹는 것도 좋습니다.

생강 레몬 찜닭

소요시간 1시간 30분 | **레시피 분량** 4인분 | **난이도** 하

누룩 소금을 이용해 보관도 쉽고 반찬으로도 먹기 좋은 찜닭 요리입니다. 성공 비결은 엑스트라 버진 올리브 오일과 껍질까지 사용할 수 있는 레몬입니다. 운동 선수의 보조식이나 다이어트식으로도 좋습니다. 파티에 내기에도 손색이 없는 요리로, 레몬과 어울리는 백포도주나 스파클링 와인과 함께 곁들이면 좋습니다.

재료

생강 1쪽
레몬 1/2개
올리브 오일 적당량

닭가슴살 1개 ⎤
누룩 소금 2큰술 ⎥ A
파(파란 부분) 10cm ⎦

01 장식용으로 쓸 레몬을 몇 장 얇게 썰어둔다. 남은 레몬은 껍질은 갈고 과즙을 짠다.

02 간 생강과 A를 지퍼백에 넣고 공기를 뺀 뒤 밀봉 하여 1시간 정도 숙성시킨다.

03 2를 냄비에 넣어 잠길 만큼 물을 붓고 뚜껑을 덮어 끓인다. 물이 끓기 시작하면 불을 끄고 식을 때 까지 그대로 둔다.

04 3의 닭을 꺼내 손으로 잘게 찢어 그릇에 담고 레몬 과즙을 뿌린다. 1에서 둥글게 썬 레몬을 올려 장식한다.

05 갈아놓은 레몬 껍질을 뿌리고 올리브 오일을 듬뿍 따라 완성한다.

TIP

장기보관할 경우 3의 상태로 냉장고에서 5일가량 보관할 수 있습니다.

도미 부케 구이

소요시간 30분 | **레시피 분량** 4인분 | **난이도** 하

생선 한 마리를 통째로 사는 날은 아주 행복한 날이거나 좋은 식재료를 만난 날, 혹은 기쁜 날입니다. 도미에 허브를 곁들여 구우면 놀라울 정도로 촉촉해집니다. 손질한 도미를 부케처럼 감싼 모양이 화려해 오븐에 굽기 전부터 특별한 기분을 느낄 수 있습니다.

재료

도미 1마리
레몬 1/2개
누룩 소금 3큰술
허브 적당량
올리브 오일 적당량

01 쿠킹 시트를 30cm 정도의 길이로 잘라 대각선으로 도미를 얹는다. 도미의 위, 아래, 내장을 꺼낸 안쪽에 누룩 소금을 각각 1큰술씩 바른다.

02 도미 위에 슬라이스한 레몬과 허브를 얹는다.

03 쿠킹 시트로 도미를 감싸고 꼬리 부분은 실이나 허브로 묶는다.

04 250도로 예열한 오븐에 20분 정도 구운 후, 그릇에 옮겨 쿠킹 시트를 펼친다.

05 허브를 제거하고 도미를 반으로 가른 뒤 올리브 오일을 뿌려 완성한다.

단팥

소요시간 25분 | **레시피 분량** 4인분 | **난이도** 하

단팥은 재료도 만드는 방법도 간단하지만 정작 직접 만들기를 주저하는 분들이 많습니다. 하루 전부터 팥을 물에 담가 불리거나 설탕을 나누어 넣지 않아도 충분히 맛있는 조리법을 소개합니다.

재료

팥 70g
물 250㎖
수수설탕 120g
소금 적당량

01 압력솥에 팥과 물을 넣은 뒤 뚜껑을 닫고 센 불에 끓인다. 끓기 시작하면 약불에서 10분간 끓인다.

02 압력이 빠지면 뚜껑을 열고 수수설탕을 넣는다.

03 뚜껑을 덮고 다시 센 불로 가열한다. 끓기 시작하면 약불에서 5분간 가열하고 불을 끈다.

04 압력이 빠지면 꺼낸다. 먹을 때 소금을 살짝 뿌려 완성한다.

TIP
압력을 억지로 빼는 것이 아니라 솥에서 압력이 자연스럽게 빠져나가도록 기다려야 합니다. 압력이 자연스럽게 빠지는 시간이 곧 뜸들이는 시간입니다.

녹차 젤리

소요시간 4시간 | **레시피 분량** 4인분 | **난이도** 상

과정은 간단하지만 의외로 깊은 맛을 내는 무스 질감의 녹차 젤리입니다. 여러 번 시도해 입맛에 맞는 농도를 찾아보세요.

재료

녹차 가루 10g
가루 젤라틴 10g
설탕 4큰술
차가운 물 300㎖
뜨거운 물 150㎖

01 차가운 물 150㎖에 가루 젤라틴을 섞어서 불린다.
02 끓는 물에 거름망에 거른 녹차 가루를 넣고 섞는다.
03 뜨거운 물에 1을 넣고 중탕하여 젤라틴을 녹인다.
04 차가운 물 150㎖에 설탕을 넣고 끓여 설탕이 녹으면 3을 넣고 거품기로 섞는다.
05 냄비를 내려놓고 물에 적신 트레이에 붓는다.
06 완전히 식을 때까지 계속 저어준다.
07 6을 냉장고에서 3시간 이상 식혀서 굳힌다. 숟가락으로 떠서 그릇에 담아 완성한다.

TIP

6단계에서 완전히 식을 때까지 섞지 않으면 층이 진 채로 굳습니다. 그 모양도 예쁘고 색다른 매력이 있지만 잘 섞어 가면서 식히면 젤리 전체가 진한 맛을 내면서 식감도 부드러워집니다.

파인애플 요구르트 아이스 캔디

소요시간 6시간 | **레시피 분량** 3인분 | **난이도** 하

더운 여름철 아이들과 나무 아래 나란히 앉아 아이스 캔디를 먹는 것은 또 다른 행복입니다. 요구르트와 파인애플이 들어가 상큼하고도 달콤해 아이들에게 인기 만점입니다. 과일만 바꿔 넣어도 다양한 아이스 캔디를 만들 수 있는 만능 레시피입니다.

재료

파인애플 12조각

감주 70g
요구르트 120g ⎤
꿀 1큰술   ⎬ A
소금 적당량   ⎦

01 아이스 캔디 용기에 파인애플을 4개씩 넣는다.
02 A를 믹서기 또는 푸드 프로세서에서 감주의 건더기가 없어질 때까지 부드럽게 갈아준다.
03 2를 1의 용기에 골고루 넣고 냉동실에서 얼려 완성한다.

TIP

감주가 없다면 요구르트의 양을 70g 더 추가하여 만듭니다. *감주 만드는 법은 202p 참조.

처음이라는 것에는 늘 만감이 교차하기 마련이다. 이 책 역시 그렇다. 첫 책이라서 부족한 부분이 많았고, 첫 책이라 가능했던 시도들도 있었다. 부족했던 부분들도 독특했던 시도들도 모두 인터뷰이가 가진 매력이 있었기에 메워지고, 또 가능했다고 생각한다.

인터뷰를 정리하고 원고를 책으로 만드는 내내 나는 인터뷰 속 그녀들의 아틀리에에서 살았다. 몸은 한국에 있지만 찾아가 맡았던 향기가, 차와 음식과 그녀들이 지닌 인간의 향이 코끝을 맴돌았다. 그래서 더욱 잊지 못할 작업이었다. 아쉬운 점이 있다면 이 짧은 인터뷰로 그녀들의 삶을 모두 보여주지 못한 것이다.

섭외자 후보 선정부터 이 책을 준비한 것이 벌써 1년도 훌쩍 넘었다. 선정하는 과정도 어려웠지만 선정 후에도 쉽지 않았다. 인터뷰를 승낙하고 허락은 받았지만 한 사람 한 사람의 스케줄이 다르거니와, 워낙 바쁜 삶을 보내는 이들이었기에 일정을 맞추는 것부터 어려웠다.

덕분에 한 권의 책을 출간하는 것인데도 꼭 다섯 권의 책을 출간하는 것처럼 고된 일정이었다. 백 퍼센트 마음에 든다면 그야말로 거짓말일 것이다. 다만 후회는 없다.

처음에는 스토리만으로 책을 끝낼까 생각했을 만큼 다섯 요리 연구가의 연대기가 매력적이기는 했다. 그러나 인터뷰를 하면서, 그녀들에게 들었던 이야기와 보석 같은 레시피들의 시너지를 포기할 수 없었다. 이것이야말로 책의 본질이자 내가 담고 싶었던 마음들이다.

1년. 짧다면 짧고 길다면 긴 시간이다. 그 시간 동안 나를 믿고 기다려준 섭외자들에게 깊은 감사의 말씀을 드리고 싶다. 약속한 출간일보다 많이 늦어졌음에도 불구하고, 마지막까지 적극적으로 참여해주고 의견을 내주며 응원도 보내주었기에 포기하지 않고 이 작업을 끝낼 수 있었다.

그리고 마지막으로 책을 시작할 수 있도록 첫 발판을 만들어 준 쿠도 유키 님께 고개 숙여 감사를 표한다. 쿠도 유키 님이 있었기에 이 책이 출간될 수 있었다.

내 조악한 글들로는 채 다 담지 못한 재능과 눈부신 장점들이 다섯 명의 요리가들에게는 반짝반짝 빛나고 있다. 기회가 될 때 독자 여러분도 꼭 한 번, 일본을 방문해 그들의 아틀리에를 방문하기를 추천드린다.

삶에는 1막뿐만 아니라 2막, 3막, 4막도 있다. 지금은 눈앞이 캄캄하고 어두워도 실은 한 막이 끝났을 뿐이다. 요리를 통해 새로운 막을 열어젖힌 그들처럼, 우리도 삶의 새 막을 향해 끊임없이 도전해보자.

혼밥족을 위한
실용 레시피 수록

참 쉬운 혼밥
노고은 지음 | 11,000원

SNS 10만 구독자가 열광하는
요리블로거 노장금의 첫 번째 요리책!

요리를 해보려고 해도, 레시피에 있는 재료들은 낯설기만 하다.
적당히 한 끼 차려먹고 싶은 마음뿐인데, 여러 단계로 나뉜 레시
피는 따라 하기 벅차기만 하다. 결국 오늘도 배달책자를 뒤적이
고 라면을 끓이는 혼밥족들! 노장금의 『참 쉬운 혼밥』에는 이러한
혼밥족을 위해, 친숙한 냉장고 재료로 간편하고 빠르게! 그리고
맛있고 폼 나게 만들어 먹는 실용 레시피를 소개한다. 1인 가구
맞춤형 장보기 TIP, 낯선 재료 냉장고 재료로 대체하는 법 등 혼
밥족을 위한 살림 노하우도 가득 담겨 있다.

음식에 담긴
따뜻한 20가지
사연 수록

Sugar Day
김은영 지음 | 12,000원

"오늘 모모 베이커리에는 어떤 손님들이 다녀갔을까?"
골목 끝, 작은 빵집 '모모'로 모여든 달콤한 이야기들

『Sugar Day』는 케이크를 주문하러 '모모'를 찾은 평범한 이웃들
의 가장 특별하고 달콤한 20가지 사연들을 엮어 소개한다. 영국
에 있어 엄마의 생일을 챙기지 못해 발을 동동 구르는 막내딸의 이
야기부터, 평생 야구밖에 모르던 아들의 은퇴를 맞아 위로를 전하
고픈 엄마의 이야기, 부모님의 리마인드 웨딩을 위해 비밀 프로젝
트를 꾸미고 있는 남매의 이야기까지, 특별한 하루를 더 특별히
추억하고픈 이들의 마음이 케이크에 담기는 과정을 침이 고이는
달달한 문체로 전한다.

뚱뚱균을
줄여주는
3PB 다이어트
레시피 수록

마음껏 먹어도
날씬한 사람들의 비밀

김정현 지음 | 15,000원

요요 없이 탄력 있는 피부를 유지하며 쉽게 살 뺄 수 있다
압구정 뷰티 전문 약사의 체중감량법!

음식을 줄여서 살을 뺄 경우 금방 요요 현상이 찾아와 이전보다 더 살이 찌기도 한다. 그러나 압구정에서 10년 넘게 뷰티 전문 약국을 운영해온 김정현 저자는 식사를 제한하지 않고도 살을 뺄 수 있는 획기적인 다이어트 방법, '3PB 날씬균 다이어트'를 고안해냈다. 이 책의 저자는 뚱뚱균을 줄이고 날씬균을 늘리면 마음껏 먹어도 살이 찌지 않는 체질이 될 수 있다고 주장한다. 뚱뚱균이 좋아하는 음식을 끊고 날씬균이 좋아하는 음식을 먹으면 아무리 먹어도 살이 찌지 않는다는 것이다. 배고픔과 요요 현상이 없는 획기적인 다이어트 방법을 찾고 있다면 '3PB 날씬균 다이어트'를 시작해보자.

1,000만 원으로
시작하는
부동산 재테크

인테리어 재테크

이지현 지음 | 15,000원

구옥 빌라로 공실 없는 월세 수익 내기

구옥이라고 해도 제대로 지어진 집이라면 시세보다 저렴하게 구입해 스타일링만 제대로 한다면 좋은 가격에 되팔 수 있다. 이 책의 저자 이지현 씨는 이러한 부동산 시장의 변화 속에서 하우스스타일링이라는 자신만의 투자방법을 착안하고 공실 없는 임대 수익을 올리고 있다. 초보라서 몰랐던 공인중개인 대하는 법, 하자 없는 집 고르는 법, 인테리어 하는 법 등 저자가 하나하나 시행착오를 거쳐 터득한 노하우를 이 책에 모두 담았다. 또한 그 어떤 책에서도 볼 수 없었던 공실 없이 원하는 임차인을 골라 임대를 놓는 방법을 소개하고 있다.